Naturwissenschaftliche Einführungen im <u>dtv</u>

Herausgegeben von Olaf Benzinger

Frank Grotelüschen, geboren am 19. Juli 1962 in Bremen, absolvierte nach seinem Diplom als Physiker am DESY ein wissenschaftsjournalistisches Volontariat beim Deutschlandfunk. Seit 1993 lebt und arbeitet er in Hamburg als freiberuflicher Journalist mit dem Schwerpunkt Physik für zahlreiche Medien, darunter für diverse ARD-Hörfunkanstalten (DLF, WDR, BR), für die ›Berliner Zeitung‹, die ›Süddeutsche Zeitung‹, den ›Züricher Tagesanzeiger‹ und das ›Handelsblatt‹.

Der Klang der Superstrings

Einführung in die Natur
der Elementarteilchen

Von
Frank Grotelüschen

Mit Schwarzweißabbildungen von
Nadine Schnyder

Deutscher Taschenbuch Verlag

Ein Überblick über die gesamte Reihe findet sich am Ende des Bandes.

Originalausgabe
Februar 1999
© Deutscher Taschenbuch Verlag GmbH & Co. KG, München
Umschlagkonzept: Balk & Brumshagen
Umschlagbild: Subatomic particle tracks (© FOCUS Science)
Redaktion und Satz: Lektyre Verlagsbüro
Olaf Benzinger, Germering
Druck und Bindung: C. H. Beck'sche Buchdruckerei, Nördlingen
Gedruckt auf säurefreiem, chlorfrei gebleichtem Papier
Printed in Germany · ISBN 3-423-33035-X

Inhalt

Vorbemerkung des Herausgebers

Die Anzahl aller naturwissenschaftlichen und technischen Veröffentlichungen allein der Jahre 1996 und 1997 hat die Summe der entsprechenden Schriften sämtlicher Gelehrter der Welt vom Anfang schriftlicher Übertragung bis zum Zweiten Weltkrieg übertroffen. Diese gewaltige Menge an Wissen schüchtert nicht nur den Laien ein, auch der Experte verliert selbst in seiner eigenen Disziplin den Überblick. Wie kann vor diesem Hintergrund noch entschieden werden, welches Wissen sinnvoll ist, wie es weitergegeben werden soll und welche Konsequenzen es für uns alle hat? Denn gerade die Naturwissenschaften sprechen Lebensbereiche an, die uns – wenn wir es auch nicht immer merken – tagtäglich betreffen.

Die Reihe ›Naturwissenschaftliche Einführungen im dtv‹ hat es sich zum Ziel gesetzt, als Wegweiser durch die wichtigsten Fachrichtungen der naturwissenschaftlichen und technischen Forschung zu leiten. Im Mittelpunkt der allgemeinverständlichen Darstellung stehen die grundlegenden und entscheidenden Kenntnisse und Theorien, auf Detailwissen wird bewußt und konsequent verzichtet.

Als Autorinnen und Autoren zeichnen hervorragende Wissenschaftspublizisten verantwortlich, deren Tagesgeschäft die populäre Vermittlung komplizierter Inhalte ist. Ich danke jeder und jedem einzelnen von ihnen für die von allen gezeigte bereitwillige und konstruktive Mitarbeit an diesem Projekt.

Im vorliegenden Band führt uns Frank Grotelüschen auf spannende Weise in die geheimnisvolle Welt der kleinsten Bausteine aller Dinge – eine Welt, in der unsere Alltagsbeobachtungen auf den Kopf gestellt zu sein scheinen und in der unsere Erfahrungen der »großen Welt« keine Entsprechungen finden. In nachvollziehbaren und anschaulichen Modellen und Bildern begegnen dem Leser all die mysteriösen Teilchen: von den Quarks über die Neutrinos und den ominösen Higgs-Partikeln hin zu den bizarren Superstrings. Der Autor begleitet die Physiker bei ihrer Suche nach immer elementareren Bausteinen in die gigantischen Beschleunigeranlagen von DESY, Fermilab und CERN und diskutiert daneben ausführlich die Nutzungs- und Gefahrenpotentiale der Teilchenphysik.

Olaf Benzinger

Die Entdeckung eines Exoten

Sie hatten es gefunden. Endlich. Er wußte es, spürte es vielmehr, denn die Meßdaten waren noch alles andere als hieb- und stichfest. Noch konnte es sich um falschen Alarm handeln, konnte ein unwahrscheinlicher Zufall die Ursache sein. Aber im Grunde schien alles klar. Es mußte es einfach sein ...

Er befand sich in einer Hochstimmung, einer überaus eigenartigen Hochstimmung. Völlig erledigt einerseits – in den letzten Tagen hatte er kaum geschlafen, hatte immer wieder die Daten überprüft und fast zwanghaft die anfälligen Teile der Elektronik im Auge behalten – andererseits aber diese prickelnde, fast überdrehte Euphorie. Endlich, nach Monaten und Jahren, kurz vor dem glücklichen Ende, endlich die Ziellinie in Sichtweite.

Dann aber wieder Zweifel. Wenn doch bloß nicht dieser verdammte Zeitdruck wäre, wenn man das alles doch in Ruhe machen könnte. Statt dessen durchwachte Nächte vor Bildschirmen und Digitalanzeigen, viel zuviel Kaffee, zwischendurch ein Nickerchen, unergiebiges Dösen im Rauschen der Ventilation. Alles nur, weil ein paar hundert Meter weiter in der Halle nebenan ein anderes Team hinter derselben Sache her war. Die Konkurrenz. Ebenso ehrgeizig, ebenso verbissen darauf aus, als erstes die nebulösen Spuren dieses flüchtigen, merkwürdigen Teilchens zu entdecken. Es mußte diesen Exoten einfach geben – die Theoretiker würden sich nicht irren, hoffentlich nicht.

Zuerst hatten die meisten im Forschungszentrum den Kopf geschüttelt: »Das funktioniert doch nie und nimmer.« In Ordnung. Die Idee für die Anlage war schon verrückt gewesen. Aber nach und nach wurden die Pläne konkreter, handfester. Und immer mehr Kollegen ließen sich von der Sache überzeugen, schließlich auch die von ganz oben. Dann der Bau der Maschine. Zum Glück hatten sie keine komplett neue Anlage aus dem Boden stampfen müssen, sondern eine ältere umbauen können. Aufwendig allerdings die Konstruktion der beiden unterirdischen Hallen für die haushohen Detektoren. »Sie sind wie Mikroskope«, hatte er seinen Kindern erklärt. »Mikroskope, mit denen man winzig kleine Teilchen aufspüren kann.« Da er an einem der beiden Detektoren arbeitete, erzählten die Kinder in der Schule, ihr Papi sei »Mikroskopiker«.

Nach drei Jahren war das ganze technische Wunderwerk fertig gewesen. Die ersten Versuche brachten absolut nichts Spektakuläres. Damit hatten sie rechnen müssen. Schließlich war die Apparatur neu, einzigartig, und sie mußten sie erst einmal kennenlernen, Fehler über Fehler ausbügeln, das Ding immer weiter optimieren, immer mehr aus ihm herauskitzeln. So war wochenlang die Elektronik gestört – ein dummer Fehler nur, aber bis man ihn gefunden hatte ... Jetzt endlich lief die Anlage prächtig, und die Meßdaten sahen richtig gut aus.

Mehr als einmal hatte er bei Geburtstagsfeiern und Sommerpartys seinen Freunden zu erklären versucht, nach was er und seine Kollegen da eigentlich suchten: ein Teilchen, das nur für Sekundenbruchteile existiert. Ein Fremder auf dieser Welt, der auf seltsam abstrakte Weise doch so wichtig ist, wichtig für unsichtbare Prozesse im Mikrokosmos, wichtig damit auch für das Leben. »Na prima«, hatten sie gelacht, »und eines Tages kriegst Du dann den Nobelpreis dafür – prost!« und in übertriebener Pose die Weingläser erhoben. »Ich doch nicht«, hatte er mit bemühtem Lächeln geantwortet. »Wenn schon, dann der Chef.«

Am anderen Morgen war er wieder zur Arbeit gegangen, ziemlich müde, der Kopf trübe von den Ausläufern des französischen Roten. Gerade an diesen Tagen war es nicht ganz einfach, in einem Team aus dreihundert Leuten zu arbeiten, einem zusammengewürfelten Haufen aus allen Winkeln der Erde. Immer wieder Hektik, Nervosität, Mißverständnisse, laute, manchmal überflüssige Worte. Manchmal kam er sich vor wie ein unbedeutendes, austauschbares Rädchen in einer gewaltigen Wissenschaftsmaschine. Nichts vom Jugendtraum des Genies, der umgeben von zwei, drei kongenialen Assistenten den Druchbruch schafft. Viele aus dem Team kannte er nur flüchtig, manche waren so spezialisiert, daß man sie kaum verstand, wenn sie in einem der ungezählten Seminare über ihr Projekt berichteten. Gerade mit einigen Südländern war er ein paarmal heftig aneinandergeraten – diese sprichwörtliche Hitzköpfigkeit, eigentlich ein dummes Klischee, aber irgendwie ...

Dann wieder: absolute Hochstimmung im Team. Franzosen, Italiener, Deutsche, Skandinavier, auch ein Chinese – alle schienen an einem Strang zu ziehen, schienen ein und dasselbe zu wollen. Da fühlte man sich plötzlich mitgerissen vom Pep der Südeuropäer, und über die trockenen Kommentare des Engländers konnte man sich kaputtlachen, ein ums andere Mal. Ein Wechselbad der Gefühle. Auch jetzt war die Stimmung geradezu phantastisch, wenn auch nicht locker, es herrschte eher eine erwartungsfreudige Anspannung. Der Chef hielt sich noch bedeckt, ihm war der Druck im Moment besonders anzumerken. Einige sagten: Das ist es, laßt es uns vermelden, die Entdeckung des neuen Teilchens. Andere bremsten: Bloß nicht zu früh an die Öffentlichkeit gehen, bloß nicht blamieren, sich womöglich mit einer Falschmeldung lächerlich machen. Lieber noch ein paar Meßdaten mehr sammeln, auswerten und akribisch analysieren. Lieber auf Nummer Sicher gehen.

Andererseits wollten sie ja die ersten sein, wollten das Konkurrenzteam ausstechen, sich nicht die Butter vom Brot nehmen lassen. Natürlich war hier wie dort strengste Geheimhaltung verordnet, zumindest jetzt, in dieser heißen Phase. Doch irgendwie war durchgesickert, die anderen wären noch nicht soweit, jemand hatte das angeblich in der Kantine aufgeschnappt. Vielleicht war es ja nur ein Gerücht, aber es sorgte für eine verhaltene Euphorie im Team, die niemand in Worte fassen wollte, über die keiner sprach. Doch die Lage schien günstig. Und dann berief der Chef eine Sondersitzung im großen Hörsaal ein. Das Plenum quoll über, als er die Entdeckung des gesuchten Exoten verkündete.

Knapp zwei Jahre später: der Nobelpreis, die absolute Krönung einer Wissenschaftskarriere. Natürlich war es der Chef, der vorne auf der Bühne stand und sich von König Carl Gustav die Hände schütteln ließ. Er dagegen saß nicht einmal im Festsaal der Königlichen Akademie in Stockholm, war wie viele seiner Kollegen im Labor geblieben. Doch selbst im Querformat des Fernsehers hatte die Prozedur etwas Majestätisches, etwas Erhebendes von überraschender Intensität. Zwar war nicht er es, der in die Annalen der Wissenschaftsgeschichte eingehen würde – aber ein bißchen war es schließlich auch sein Preis.

So (oder so ähnlich) mag es sich zugetragen haben, als das Team von Carlo Rubbia zum Jahreswechsel 1982/83 das »Z-Teilchen« entdeckte. Zuweilen lesen sich Geschichten um Teilchenforscher und Beschleunigerexperimente wie Krimis, häufig aber versteht die Laienwelt angesichts von Gluonen, Myonen, Mesonen und sonstiger »-onen« nur Bahnhof. Der Mikrokosmos ist nicht gerade alltagskompatibel, die Welt der kleinsten Teilchen zeigt dem unbedarften Beobachter zunächst ein fremdes und ungewohntes Gesicht. Hinzu kommt der Erklärungsnotstand der Experten. Nur wenige Teilchenphysiker sehen sich imstande, einem Schulkind den Sinn und Inhalt ihrer täglichen Arbeit zu vermitteln.

Dabei geht es um mehr als das bloße Aufspüren möglichst winziger und exotischer Teilchen. Mit der Erforschung der allerkleinsten Materiebausteine sucht die Physik nach ihren tiefsten Wurzeln, fahndet nach geheimnisvollen Urtheorien und phantastischen Weltformeln, die das theoretische Fundament des gesamten Universums bilden könnten. Aus der Sicht des Philosophen ist die Teilchenforschung der vielleicht wichtigste, weil grundlegendste Zweig der Physik. Das scheint auch das Nobelkomitee in Stockholm so zu sehen. Seit den fünfziger Jahren ist im Schnitt jeder dritte Nobelpreis in die Tasche eines Teilchenphysikers gewandert.

Diese Ausbeute an höchsten Forscherlorbeeren mag mit dazu beigetragen haben, daß die zweckfreie Teilchensuche gelegentlich zu prestigeträchtigen Wettrennen der Nationen gerät. Dabei erreichen die Anlagen der Teilchenphysiker immer größere Ausmaße. Und Milliardenkosten und Anwendungsferne lassen immer wieder Kritik laut werden.

Das Ende der Fahnenstange ist bislang noch nicht in Sicht: Je tiefer die Forscher mit ihren Beschleunigern in den Mikrokosmos blicken konnten, desto kleinere Materiebausteine haben sie entdeckt. In gewisser Hinsicht scheint der Aufbau der Materie einem Buch zu ähneln: Auf den ersten Blick besteht das Werk aus Seiten. Schaut man sich dann eine der Seiten näher an, entdeckt man Sätze. Sätze wiederum bestehen aus Wörtern; und riskiert man einen noch näheren Blick, so entdeckt man die Buchstaben als Grundbausteine alles Geschriebenen. Weltliteratur, Groschenromane, Liebesbriefe, die Bedienungsanleitung für die neue Waschmaschine – alles besteht letztlich aus Buchstaben. Die Frage aber, woraus wohl ein Buchstabe bestehen mag, macht keinen Sinn mehr. Ein Buchstabe ist der letzte, definitive Baustein der geschriebenen Sprache, elementar und unteilbar. Womit die Sprachwissenschaftler den Naturforschern um einiges voraus sind: Während die Linguisten ihre Fundamentalbausteine bereits kennen, suchen die Physiker die ihren noch.

Auf der Suche nach den Bausteinen der Welt

Demokrit und *Muster Mark* – vom Atom zum Quark

Feuer, Wasser, Erde und Luft. Vier archaische, sinnlich erfaß-
bare, mit den Naturgewalten gleichgesetzte Elemente, in
manch einer untergegangenen Zivilisation markierten sie die
Grundpfeiler aller Existenz. Auch heute tauchen die vier Ur-
elemente zuweilen noch in den Werken zeitgenössischer
Künstler und Poeten auf. Aus dem Olymp der Naturwissenschaften aber sind sie längst vertrieben. Dennoch birgt die ur-
tümlichste Vorstellung vom Aufbau der Welt bereits den entscheidenden Keim aller nachfolgenden Theorien: Von jeher
nahmen die Menschen an, ihre Umgebung sei aus einigen wenigen Grundelementen gemacht.

Die erste konsequente Ausformulierung dieser Idee sollte
das antike Griechenland hervorbringen: »Materie muß aus
kleinsten, unsichtbaren Bausteinen aufgebaut sein«, mut-
maßte der Philosoph Demokrit. »Bausteine, die keine Farbe
haben, weder riechen noch schmecken. Bausteine, aus denen
sich alles andere zusammensetzt, die aber selbst nicht mehr
teilbar sind.« Der Legende nach soll Demokrit an einem
Strand auf diese Überlegungen gestoßen sein – mit einem
Apfel in der Hand. »Wenn ich eine Hälfte esse, dann bleibt
die andere übrig«, mag der Gedankengang gelautet haben.
»Wenn ich davon wiederum die Hälfte verspeise, habe ich
noch ein Viertel, dann ein Achtel, danach ein Sechzehntel.
Kann ich dieses Spiel weitertreiben, solange es mir beliebt?«

Nein, so des Weisen Folgerung. Irgendwann sei eine Grenze erreicht, irgendwann müsse etwas unteilbar sein – »átomos«, wie es im Griechischen heißt.

Das Atom als Grundbaustein aller Materie war geboren. Für lange Zeit jedoch sollte Demokrits Geniestreich ohne Folgen bleiben. Den meisten seiner Zeitgenossen galt die Atomhypothese als unwahrscheinliche Außenseitertheorie, sie geriet nahezu in Vergessenheit. Erst im 18. Jahrhundert kam die Idee zu ihrer späten Blüte: Naturforscher wie der Engländer John Dalton entdeckten, daß die »Zutaten« für eine chemische Reaktion stets in bestimmten Mengenverhältnissen zu wählen sind. Will man aus Wasserstoffgas und Sauerstoffgas Wasser gewinnen, so wird sich ein Liter Sauerstoff immer mit zwei Litern Wasserstoff verbinden. Erklären ließ sich dieses Phänomen nach Ansicht Daltons einzig durch die Existenz kleinster Materieeinheiten. Der revolutionäre Gedanke: Ein Sauerstoffatom verbindet sich mit zwei Wasserstoffatomen zum Wassermolekül H_2O – weshalb man bei der Wasserherstellung auf einen Liter Sauerstoffgas zwei Liter Wasserstoffgas nehmen muß.

Im Prinzip machten sich Dalton und seine Zeitgenossen folgende Vorstellung: Atome sind winzige, unteilbare Kügelchen mit einem Durchmesser von nur einem zehnmillionstel Millimeter. Wie mikroskopische Billardkugeln fliegen sie durch den Raum, stoßen ständig gegen ihre Artgenossen und können sich dabei zu Molekülen zusammentun. Insgesamt waren den Naturforschern dieser Zeit etwa vierzig verschiedene Atomsorten bekannt, vierzig chemische Elemente, aus denen sich nach damaliger Ansicht alle anderen Stoffe aufbauten. Heute kennt die Chemie mehr als hundert Atomsorten. Sie sind im Periodensystem der Elemente aufgeführt – des Chemikers Bibel.

Ende des 19. Jahrhunderts hatte das Daltonsche »Billardkugelmodell« ausgedient. Der Grund: Die Wissenschaftler hatten sich immer detaillierter mit der Elektrizität befaßt. Spätestens als anno 1897 der Brite J. J. Thomson das Elektron als winzigen Träger der elektrischen Ladung identifizierte, mußte dieses Phänomen irgendwie in das Atommodell Eingang finden. Thomsons Vorschlag: das »Rosinenkuchenmodell«. Es geht von ausgedehnten, positiv geladenen Atomen aus, dem Kuchen. Darin sind winzige, negativ geladene Elektronen »eingebacken«, die Rosinen.

Bereits wenige Jahre später sollte die Thomsonsche Rosinenkuchentheorie das Schicksal eines verunglückten Hefeteigs ereilen: Sie fiel sang- und klanglos in sich zusammen. 1909 nämlich hatte der Physiker Ernest Rutherford in Manchester einen Versuchsaufbau zur Erforschung der gerade entdeckten radioaktiven »Alphastrahlen« errichtet; diese sollten sich später als die Kerne von Heliumatomen erweisen. Unter anderem schoß Rutherford die Strahlen auf eine dünne Goldfolie. Hinter der Folie hatte der gebürtige Neuseeländer einen Zinksulfid-Schirm aufgestellt. Er diente als Nachweisinstrument; jedes dort auftreffende Alphateilchen hinterließ einen deutlich sichtbaren Lichtblitz. Das vorläufige Ergebnis schien die Thomson-Theorie zu bestätigen: Die meisten der positiv geladenen Partikel flogen schnurstracks durch die Folie hindurch, einige wurden geringfügig aus ihrer Bahn gelenkt. Die Alphateilchen schienen auf die Goldfolie ähnlich zu reagieren wie ein Lichtstrahl auf eine Milchglasscheibe. Der Strahl verschwamm etwas, mehr aber auch nicht.

Glücklicherweise untersuchte Rutherford auch, ob nicht doch Alphateilchen von der Goldfolie zurückgeworfen wurden. Er montierte seinen Zinksulfid-Schirm vor die Folie und stellte mit Erstaunen fest, daß tatsächlich Partikel von der Folie abprallten – im Schnitt jedes zwanzigtausendste. Rutherfords Kommentar: »Es war fast so unglaublich, als wenn jemand eine 15-Zoll-Granate auf ein Stück Seidenpapier abgefeuert hätte und diese zurückgekommen wäre und

ihn getroffen hätte.« Das Thomsonsche Rosinenkuchenmodell war damit hinfällig. Ausgedehnte, positiv geladene Atome mit winzigen, darin eingelagerten Elektronen konnten nie
und nimmer die relativ schweren Alphateilchen zurückwer-
fen. Dazu bedurfte es einer sehr konzentrierten positiven Ladung, einem »Ladungskern«, rund zehntausend Mal kleiner
als das gesamte Goldatom. Rutherfords Folgerung: Entgegen
älterer Auffassungen ist das Atom gar nicht unteilbar, sondern besteht aus einem schweren, positiven Kern und einer
leichten, ausgedehnten Elektronenhülle. Damit war das
Atom endgültig vom Sockel des unteilbaren Fundamental-
bausteins gestoßen – schließlich ist es aus kleineren Teilchen
zusammengesetzt.

Einige Jahre später verfeinerte das dänische Physikgenie
Niels Bohr diese Vorstellung. Im Bohrschen Atommodell umkreisen die Elektronen in festgelegten Umlaufbahnen den
Kern ähnlich wie Planeten die Sonne. Unter Umständen sind
auch Wechsel von einer Bahn auf eine andere möglich, die
berühmten Quantensprünge. Später erhielt das Modell einen
weiteren, im Prinzip noch heute gültigen Schliff: Die Elektronen kreisen nicht als winzige Quasiplaneten um ihr ukle-
ares Zentrum, sondern sind zu einer wabernden »Elektronen-
wolke« verschmiert – einer seltsam unbestimmten Teilchen-
welle, die sich weder auf einen genauen Aufenthaltsort noch
auf eine bestimmte Geschwindigkeit festnageln läßt. Dieses
Verschwimmen von Teilchen und Wellen ist eine grundlegende Eigenschaft der Quantentheorie.

Die nächsten »Quantensprünge« der physikalischen Erkenntnis gingen von den immer detaillierteren Untersuchun-
gen des Atomkerns aus. Ein Durchbruch schien erreicht, als
der Brite James Chadwick 1932 entdeckte, daß im Kern
außer den positiv geladenen Protonen (Wasserstoffkernen)
auch die elektrisch neutralen Neutronen sitzen. Eine wunder-
bare Fügung. Das Grundrätsel der Materie schien gelöst, die

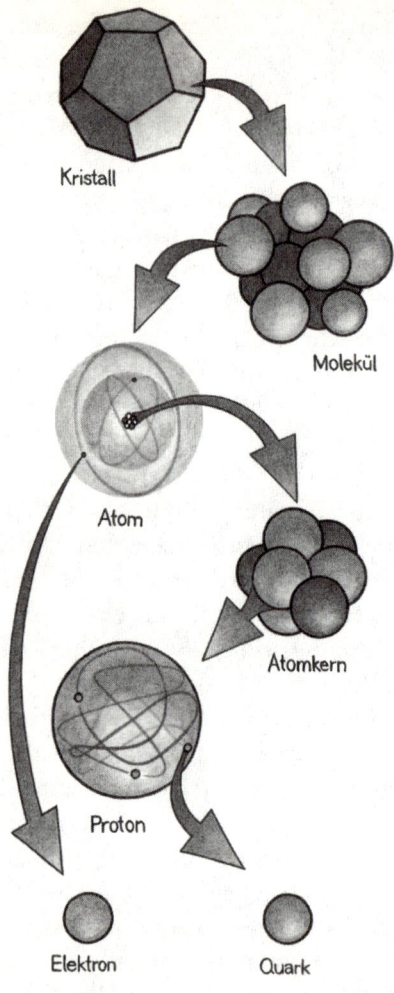

Die *Treppenstufen* der Materie: Ein Kristall besteht aus Molekülen, ein Molekül aus einzelnen Atomen. Atome besitzen eine Hülle aus Elektronen, die einen winzigen, kompakten Kern umkreisen. Der Kern wiederum ist aus Protonen und Neutronen aufgebaut, die sich ihrerseits aus Quarks zusammensetzen. Aus heutiger Sicht sind Quarks und Elektronen die unteilbaren Fundamentalteilchen der Materie.

Physik war so einfach wie nie zuvor. Denn 1932 bestand die Welt im wesentlichen aus drei Bausteinen: Neutronen und Protonen setzen sich zu den verschiedensten Atomkernen zusammen, das Elektron baut die jeweils passende Atomhülle auf. Aus drei »Elementarteilchen« ließen sich die mehr als hundert chemischen Elemente kombinieren – das physikalische Weltbild schien komplett.

Die Ernüchterung folgte, als die Physiker in den dreißiger und vierziger Jahren neue Experimentiertechniken entwickelt hatten. Insbesondere hatten sie hochempfindliche Spezialfilme zur Untersuchung der kosmischen Strahlung entworfen. Diese Strahlung entsteht aus bislang unerfindlichen Gründen in den Tiefen des Universums. Dort können gewaltige Kraftfelder Teilchen wie Wasserstoffkerne praktisch auf Lichtgeschwindigkeit beschleunigen. Einige dieser »hochenergetischen Protonen« treffen als kosmische Strahlung auf die Erde. Bereits in den obersten Stockwerken der Atmosphäre stoßen die ultraschnellen Geschosse mit Luftmolekülen zusammen. Bei diesen fatalen Kollisionen werden nicht nur munter Atomkerne zertrümmert, es entstehen auch neue, merkwürdige Teilchen. Ebendiese Teilchen konnten die Physiker der vierziger Jahre mit ihren gerade erfundenen Spezialfilmen registrieren: eine Unzahl von instabilen Partikeln, die in Sekundenbruchteilen in andere, manchmal ebenfalls suspekte Teilchen zerfallen.

Im Laufe der Jahre stießen die Forscher auf immer neue Teilchen. Neben den liebgewonnenen Protonen und Neutronen, den Bausteinen des Atomkerns, hatten die Physiker es plötzlich auch mit Exoten wie Kaonen, Pionen oder Hyperonen zu tun. Ende der fünfziger Jahre zählte man mehr als zweihundert verschiedene Partikel – ein regelrechter »Teilchenzoo«. Auf den Alltag haben diese Exoten keinen großen Einfluß, dafür leben sie nicht lange genug. Aber sie existieren! Damit war eine Zeit angebrochen, in der es in der Physik ziemlich drunter und drüber ging: Keiner wußte so recht, ob jeder der »Zooinsassen« ein unteilbares Elementarteilchen darstellt oder ob die Partikel nicht doch auf geheimnisvolle Weise zusammenhängen.

Besonders einem paßte dieses Chaos ganz und gar nicht. Um endlich Ordnung in den Teilchenzoo zu bringen, ließ sich Murray Gell-Mann, ein junger kalifornischer Physikprofessor mit Tendenz zum Querdenken, um das Jahr 1963 herum eine neue, revolutionäre Theorie einfallen. Gell-Mann ging davon aus, daß sich sämtliche Zooteilchen aus nur drei Grundbausteinen zusammensetzen – den berühmten »Quarks«. Gell-Mann nahm die Existenz von insgesamt drei Quarksorten an. Das Proton besteht ebenso wie das Neutron aus drei Quarks; andere Teilchen hingegen, etwa die sogenannten Mesonen (mittelschwere Teilchen), setzen sich aus zwei Quarks zusammen.

Ein Befreiungsschlag von ungeahntem Erfolg: Ganze drei Teilchen verdrängten die zweihundert Vertreter des Teilchenzoos von ihrem Platz als Grundbausteine der Materie – und bescherten der Physik auf einen Schlag eine ganz neue Übersichtlichkeit. Für seine theoretische Glanztat sollte Murray Gell-Mann 1969 den Nobelpreis für Physik erhalten. Die von ihm erdachten Quarks hatten der Physik eine entscheidende Wende gegeben.

Anfang der siebziger Jahre konnte die Quark-Hypothese auch durch Experimente bestätigt werden. Mit großen Teilchenbeschleunigern schossen Physiker ultraschnelle Elektronen auf Wasserstoffkerne. Im Grunde entspricht diese Apparatur einem überdimensionalen Elektronenmikroskop, mit dem man das Innenleben eines Protons untersuchen kann. Mit diesem Supermikroskop ließ sich nachweisen, daß der Wasserstoffkern aus drei kleineren Teilchen zusammengesetzt ist – den Quarks von Murray Gell-Mann. Seitdem gelten die Quarks gemeinsam mit den Elektronen als Elementarbausteine der Materie. Und das heißt: Alles, was wir um uns herum sehen, besteht in seinem Innersten aus Quarks und Elektronen: Gebirge wie Ozeane, Häuser wie Autos, Menschen wie Kakerlaken.

Den Namen für seine neuen Fundamentalteilchen hatte Gell-Mann übrigens in der Weltliteratur aufgestöbert. Im Roman ›Finnegans Wake‹ des irischen Schriftstellers James Joyce stieß er auf den eigentümlichen Satz »Three quarks for Muster Mark«. Gell-Mann nahm an, daß damit »drei Bier für Mister Mark« gemeint war, auf englisch »Three quarts (sprich *kworts*) for Mister Mark«. Deshalb ist die englische Aussprache »kworks« dem deutschen »quark« stets vorzuziehen.

Die Mikrowelt aus heutiger Sicht

Die Quarks, die Murray Gell-Mann Anfang der sechziger Jahre »erfunden« hatte, gelten auch heute noch als Grundbausteine der Welt, als unteilbare Bauklötzchen der Materie. Allerdings sind sie nicht die einzigen Fundamentalteilchen – ebensowenig, wie ein Gebäude nicht nur aus einer Art von Bausteinen errichtet ist, sondern aus vielen verschiedenen Grundelementen besteht, unter anderem aus Ziegeln, Backsteinen, Glasscheiben und Mörtel.

Das derzeitige Theoriegebäude der Teilchenphysik bezeichnen die Experten als »Standardmodell« – es hat sich gewissermaßen als Standard in der Physikszene durchgesetzt. Genaugenommen stellt es nicht nur eine einzige Theorie dar, sondern eine regelrechte Theoriensammlung. In ihr manifestiert sich all das, was heute in Sachen Teilchenforschung als gesicherter Stand gelten darf. Grob umrissen ruht das Standardmodell auf drei Säulen:

Säule 1 – Die Materiebausteine: Murray Gell-Mann ging Anfang der sechziger Jahre von drei Quarksorten aus. Heute wissen die Forscher, daß es sechs verschiedene Quarks gibt, alle unterschiedlich schwer. Daneben kennen die Forscher sechs weitere Elementarteilchen, die sogenannten Leptonen. Zu ihnen zählen das Elektron sowie seine beiden schweren »Geschwister«, das Myon und das Tau, ferner drei Varianten des ominösen »Neutrinos«. Die Leptonen machen nur einen winzigen Bruchteil der Masse der uns umgebenden Materie aus – deshalb auch der Name Leptonen, frei übersetzt »Leichtgewichte«. Mit mehr als 99,9 Prozent ist der Löwenanteil an der normalen Masse den Quarks zuzuschreiben.

Sechs Quarks und sechs Leptonen – macht also ein glattes Dutzend an Fundamentalklötzchen. Das Standardmodell geht jedoch von der doppelten Anzahl aus, zählt also insgesamt 24 Grundbausteine. Der Grund: die Existenz von Antimaterie. Antimaterie ist die »gespiegelte« Version der Materie. Jedes Teilchen gibt es auch als spiegelverkehrte Variante, als Antiteilchen.

Eine besondere Rolle im Standardmodell spielen die beiden leichtesten Quarksorten, die »Up-Quarks« und die »Down-Quarks«. Aus ihnen sind die Bausteine eines jeden Atomkerns aufgebaut, das Proton und das Neutron. Atomkerne sind gewöhnlich von Elektronen umhüllt; demnach besteht die normale, uns umgebende Materie aus nur drei Grundteilchen: Up-Quark, Down-Quark und Elektron. Die meisten anderen im Standardmodell verzeichneten Fundamentalteilchen sind nur flüchtige Gäste in unserem Universum. Das gilt insbesondere für die vier schweren Quarksorten sowie die beiden »dicken« Geschwister des Elektrons. Sie entstehen auschließlich unter Extrembedingungen, etwa im Höllenfeuer einer Sternexplosion oder beim Aufprall von kosmischer Strahlung auf die Erde, mit hochgezüchteten Teilchenbeschleunigern lassen sie sich heute aber auch künstlich erzeugen. All diese Partikel sind instabil: Innerhalb von Sekundenbruchteilen zerfallen sie gleich winzigen Knallerbsen in kleinere Bruchstücke.

Säule 2 – Die Kräfte: Was wären all diese 24 Teilchen, wenn sie nicht miteinander wechselwirken, miteinander kommunizieren könnten? Die Welt bestünde aus lauter winzigen, zusammenhanglosen Materieklötzchen, die ihr Dasein völlig unabhängig voneinander fristeten, jedes von ihnen in »Isolationshaft«. In so einer Welt gäbe es weder Sterne noch Galaxien, weder Planeten noch Lebewesen. Der Kosmos wäre eine langweilige, weil völlig ereignislose Veranstaltung. Zum Glück ist dem nicht so: Das Standardmodell kennt gleich vier verschiedene Kräfte, die zwischen Teilchen herrschen können.

Die *elektromagnetische Kraft* wird durch die elektrische Ladung eines Teilchens verursacht. Ein Partikel kann positiv oder negativ geladen sein; gleichnamige Ladungen stoßen sich ab, ungleichnamige ziehen sich an. Ist ein Teilchen ungeladen, so bleibt es von der Elektrokraft unbeeinflußt, spürt also weder Anziehung noch Abstoßung. Die elektromagnetische Kraft wirkt nicht nur im Mikrokosmos, sondern funkt geradezu dominierend in unseren Alltag hinein: Sie läßt nicht nur den Strom aus der Steckdose kommen, sondern hält sämtliche Kristalle zusammen und spielt bei allen chemischen und biochemischen Prozessen die führende Rolle.

Die *starke Kraft* wirkt ausschließlich zwischen den Quarks und garantiert deren Zusammenhalt. Ihr Effekt entspricht dem eines Expanders aus dem Fitneßstudio: Je weiter man zwei Quarks auseinanderziehen will, desto mehr spannt sich der Gummi zwischen ihnen, und desto stärker hat man zu ziehen. Dieser Gummibandeffekt ist so stark, daß das Band zwischen zwei Quarks vereinfacht gesagt niemals reißen kann. Die Folge: Quarks kommen nie alleine vor; sie treten stets in Pärchen oder als »Dreierbanden« auf. Ebenso wie die elektromagnetische Kraft wird auch die starke Kraft durch eine Ladung verursacht. Die Physiker sprechen von der »Farbladung«: In einem Wasserstoffkern beispielsweise kann ein blaues Up-Quark mit einem roten Up-Quark und einem grünen Down-Quark verbandelt sein – was laut klassischer Farbenlehre das neutrale Weiß ergibt.

Die *schwache Kraft* spielt beim radioaktiven Kernzerfall sowie bei der Kernverschmelzung im Inneren der Sonne eine zentrale Rolle. Radioaktivität tritt auf, wenn Atomkerne wie bestimmte Uransorten nicht stabil sind, sondern im Laufe der Zeit in Bruchstücke zerfallen. Umgekehrtes geschieht bei der Kernfusion in der Sonne: Hier verschmelzen zwei Kerne zu einem größeren; die dabei freiwerdende Energie ist nichts anderes als der Quell allen Lebens – das Sonnenlicht. Beide Prozesse, Kernfusion wie Kernzerfall, werden durch die schwache Kraft ausgelöst. Der Grund: Sie tritt als eine Art »Zauberkünstler« auf und verwandelt bestimmte Elementarteilchen in andere, etwa ein Up-Quark in ein Down-Quark plus ein Elektron plus ein Neutrino. Ebendiese Teilchenumwandlung ist es, die den Zerfall oder die Fusion von Atomkernen in Gang bringt. Wohlgemerkt: In beiden Fällen fungiert die schwache Kraft zwar als Auslöser, nicht aber als Triebfeder der Kernprozesse. Dafür nämlich ist die starke Kraft zuständig.

Die *Gravitation* schließlich ist nichts anderes als die wohlvertraute Schwerkraft. Sie sorgt dafür, daß wir (in der Regel) auf dem Teppich bleiben und daß Äpfel von Bäumen auf die Schädel begnadeter Naturforscher niedergehen. Auch wenn uns die Frucht, die schmerzerzeugend auf den Kopf fällt, eines Besseren belehren will: Im Mikrokosmos, in der Welt der Quarks und Elektronen, spielt die Gravitation praktisch keine Rolle. Sie ist im Vergleich zu den drei anderen Naturkräften so schwach, daß selbst der pedantischste unter den Physikern sie ohne die leisesten Anzeichen eines schlechten

Quarks – vier Fragen, vier Antworten

Wie groß sind Quarks?
Eine alles andere als einfach zu beantwortende Frage. In einem gewöhnlichen Proton mißt ein Quark etwas mehr als 10^{-16} Meter, eine Zahl mit 15 Nullen hinter dem Komma. Unter Extrembedingungen, etwa im Hamburger HERA-Beschleuniger, finden sich allerdings auch sehr viel kleinere Quarks. Sie messen weniger als 10^{-18} Meter und sind im Vergleich zu einer Erbse etwa so groß wie die Erbse im Vergleich zum gesamten Sonnensystem.

Wie viele Quarks befinden sich in einem Wassertropfen?
Rund zehn Trilliarden, eine Zahl mit 21 Nullen. Das ist wesentlich mehr als die gesamte auf der Erde befindliche Geldmenge – in Lire gerechnet.

Welches ist das schwerste Quark?
Das Top-Quark. Es ist immerhin so schwer wie ein Goldatom und wurde erst 1994 am US-Beschleuniger Tevatron entdeckt. Damit wurde das Weltbild der Physik komplett: Das *Top* war die letzte noch fehlende Quarksorte im Bauplan des Standardmodells.

Gibt es einzelne Quarks?
Nein. Gewöhnlich kommen Quarks nur in Zweier- oder Dreierkombinationen vor, ganz selten womöglich auch in einer Viererkonstellation. Der Grund für die Cliquenwirtschaft: die extrem starken Kräfte, die zwischen den Quarks herrschen. Womöglich aber hat es unmittelbar nach dem Urknall einzelne Quarks gegeben. Damals könnte das unvorstellbar kleine und heiße Universum kurzzeitig aus einer kosmischen Ursuppe bestanden haben, in der Quarks und ihre Bindeteilchen, die Gluonen, wie ein Schwarm wildgewordener Mücken durcheinanderrasten.

Gewissens unter den Tisch fallen lassen darf. Die Folge: Das Standardmodell läßt die Gravitation schlicht und ergreifend außer acht.

In ihren relativen Stärken und ihren Reichweiten unterscheiden sich die vier Naturkräfte ganz enorm: Setzt man (bezogen auf mikrokosmische Abstände) die Stärke der elektromagnetischen Kraft gleich eins, so ist die starke Kraft hundert Mal stärker, die schwache Wechselwirkung dagegen tausend Mal schwächer. Die Gravitation hingegen verschwindet praktisch: Im Mikrokosmos ist sie um den Faktor 10^{-36} kleiner als die elektromagnetische Kraft; das ist eine Zahl mit 35 Nullen hinter dem Komma! Ganz anders verhält sich die Situation im Makrokosmos, in der Welt, in der wir leben: Hier spielen schwache und starke Kraft aufgrund ihrer minimalen Reichweiten keine sichtbare Rolle. Die elektromagnetische Kraft hat theoretisch zwar eine unendliche Reichweite, aber da sich negative und positive Ladungen in der Regel egalisieren, erscheinen die meisten Gegenstände nach außen hin als elektrisch neutral. Hin und wieder springt dann doch der Funke aus der Mikrowelt in den Alltag über; etwa wenn wir nach dem Gang über einen Synthetik-Teppichboden an der nächstbesten Türklinke »einen Schlag kriegen«. Bleibt als stetig spürbare Kraft die Gravitation. Sie folgt der Regel: Je mehr Masse, desto größer die Schwerkraft – je massereicher also ein Planet, desto »anziehender« seine Wirkung.

Vom Wesen der vier Naturkräfte machen sich die Physiker eine überaus konkrete, wenn auch etwas merkwürdige Vorstellung. Sie gehen davon aus, daß »Botenteilchen« unmeßbar schnell zwischen den Materiepartikeln hin und her flitzen und die Kräfte zwischen ihnen übertragen. Im Falle der elektromagnetischen Kraft fungieren Lichtteilchen (Photonen) als Überbringer der Nachricht, ob und wie stark sich zwei Partikel anziehen oder abstoßen sollen. Bei der starken Kraft sorgen »Gluonen« (abgeleitet vom englischen »glue«, Leim) für eine unvorstellbare Haftwirkung zwischen den Quarks. Die schwache Kraft wird von sogenannten Vektorbosonen übermittelt. Diese W- und Z-Teilchen wurden 1983 tatsächlich aufgespürt, und zwar in dem im ersten Kapitel geschilderten Großversuch. Auch die Schwerkraft soll nach Ansicht der Theoretiker durch ein Botenteilchen vermittelt werden – das »Graviton«. Bislang hat zwar noch kein Forscher ein Graviton zu Gesicht bekommen, das könnte sich aber sehr bald ändern. Diverse Physikerteams auf der Welt wollen sich mit gigantischen Gravitationswellen-Detektoren auf die Lauer legen und Gravitonen aus den Tiefen des Alls aufspüren.

Illustrieren läßt sich das Bild der Botenteilchen an einer Szene im Eisstadion. Ein Eisläufer wirft einem anderen einen Medizinball zu. Aufgrund des Rückstoßes wird er sich daraufhin von seinem Partner entfernen. Hat dieser den Ball gefangen, so erhält er ebenfalls einen »Kick« in Rückwärtsrichtung. Das Resultat: Beide Eisläufer bewegen sich mit gleicher Geschwindigkeit voneinander weg; der Medizinball hat quasi als Botenteilchen fungiert und den Befehl zur gegenseitigen Abstoßung übermittelt.

Sämtliche Botenteilchen sehen die Experten im übrigen als »virtuelle« Teilchen an. Will heißen: Die winzigen Boten existieren nur einen winzigen Augenblick lang – ebenjenen Augenblick, den sie brauchen, um ihre Nachricht von einem Materieteilchen zu einem anderen zu bringen.

Säule 3 – Die Masse: Das dritte Standbein des Standardmodells ist das bislang schwächste. Es soll einen brauchbaren Erklärungsversuch für das Phänomen »Masse« abgeben. Denn warum Teilchen (und damit auch Dinge, Tiere und Menschen) überhaupt »schwer« sind, ist im Grunde noch offen. So rätseln die Physiker seit den sechziger Jahren, warum die sechs Quarks eine jeweils andere Masse haben und weshalb ein Wasserstoffkern ausgerechnet 1836 Mal schwerer ist als ein Elektron. Das Geheimnis der Masse soll der Higgs-Mechanismus erhellen, benannt nach dem Physiker Peter Higgs. Der britische Theoretiker hatte ein neues, allgegenwärtiges Feld postuliert. Mit diesem Feld schließen sich alle massebehafteten Teilchen kurz, um sich mit Masse regelrecht vollsaugen zu können. Gebilde wie das Photon (Lichtteilchen) hingegen zeigen sich völlig unbeeindruckt vom Higgs-Feld und bleiben ganz und gar masselos. Das Problem: Noch ist die Higgs-Theorie ein physikalisches Wolkenkuckucksheim, noch fehlen die schlagenden Beweise für ihre Gültigkeit. Mit gigantischen Versuchsanlagen wollen die Physiker in einigen Jahren versuchen, das Botenteilchen der Higgs-Kraft aufzuspüren. Die Entdeckung eines solchen Higgs-Teilchens wäre der gesuchte definitive Beweis für die Richtigkeit der Theorie.

Abgesehen von dem noch ausstehenden Beweis für die Higgs-Theorie hat sich das Standardmodell bislang bestens bewährt. Die eindrucksvolle Bilanz: So gut wie alle Experimente, die jemals zur Teilchenforschung gemacht wurden, passen geradezu perfekt zu den Vorhersagen der Theorie. Ihre sagenhafte Treffsicherheit hat bereits manch eine Erfolgsstory der Physik zu verantworten – getreu dem Schema: Das Standardmodell sagt die Existenz eines bestimmten Teilchens voraus; die Physiker errichten eine Anlage zum Aufspüren dieses Partikels – und werden reichlich belohnt. Einige Beispiele: Bereits in den sechziger Jahren hatte Quark-»Erfinder« Murray Gell-Mann als Konsequenz seiner neuen Theorie die Existenz eines sogenannten Omegateilchens postuliert. Noch im gleichen Jahrzehnt wurde dieses instabile Teilchen tatsächlich gefunden. 1983 entdeckten Carlo Rubbia und seine Kollegen in Genf das »Z-Teilchen« – jenes Botenteilchen, das das Standardmodell für die schwache Kraft postuliert hatte. Der Lohn: ein Nobelpreis für Physik. 1994 stieß ein Team am Fermilab in Chicago auf das sechste und damit letzte Quark – das theoretisch schon lange erwartete Top-Quark. Und 1997 vermeldete eine Forschergruppe am Brookhaven-Labor in New York den ersten »Exoten« – ein Partikel, das vermutlich aus vier anstatt wie üblich aus zwei oder drei Quarks aufgebaut ist, und dessen Existenz womöglich auch vom Standardmodell vorhergesagt wird.

Kein Wunder also, wenn so manchen Physiker etwas wie Vaterstolz überkommt, wenn er dem staunenden Laien über »sein« Standardmodell referiert. Schließlich kann es eine ungeheure Vielzahl von Naturphänomenen aus der Welt der kleinsten Teilchen beschreiben. Ist also die Physik an ihr Ende gelangt, haben die Teilchenjäger mit dem Standardmodell die definitive Theorie vom Mikrokosmos in den Händen?

Die ernüchternde Antwort heißt: Nein. In vielerlei Hinsicht läßt das Standardmodell noch zu wünschen übrig. Zum einen birgt es noch diverse Lücken, zum anderen ist manches noch nicht von Experimenten bestätigt.

– Ist ein Antiteilchen tatsächlich das exakte Spiegelbild eines Teilchens? Oder gibt es zwischen Materie und Antimaterie feine, aber entscheidende Unterschiede? (Mit dieser Frage beschäftigen wir uns im Kapitel »Rätselhafte Gegenwelt«.)

– Was genau hat es mit dem Neutrino auf sich, welche Rolle spielt es im Konzert der Fundamentalteilchen? Hat das geisterhafteste aller Partikel überhaupt eine Masse? (Siehe Kapitel »Wieviel wiegt ein Geisterteilchen?«.)

– Stimmt der Higgs-Mechanismus zur Erklärung der Masse wirklich so, wie es im Standardmodell geschrieben steht? Manche Physiker bezweifeln das, eine neue Generation von Großbeschleunigern soll endgültige Klarheit schaffen (Siehe Kapitel »Wo steckt das Higgs?«.)

Alle drei Rätsel sollen in Bälde von neuen Großexperimenten gelöst werden; und alle drei Fragen könnte das Standardmodell innerhalb seiner Grenzen beantworten. Aber: Es gibt noch andere, wesentlich grundlegendere Kritikpunkte am derzeitigen Weltbild der Physik:

– Im Standardmodell stehen Teilchen und Kräfte unverbunden nebeneinander – gleich zwei benachbarten, aber zusammenhanglosen Säulen in einer antiken Tempelruine. Nicht wenige Fachleute mutmaßen: »Kräfte und Teilchen könnten zwei Aspekte von ein und demselben Naturphänomen sein!« Die Experten spekulieren auf die Existenz einer neuen Theorie, die über das Standardmodell hinausgeht: Die Supersymmetrie »SUSY« könnte Teilchen und Kräfte endlich unter einen Hut bringen (siehe das Kapitel »SUSY und die Große Einheit«).

– Das Standardmodell enthält rund zwanzig »freie Parameter«. Das bedeutet: Rund zwanzig völlig krumme Zahlenwerte für Teilchenmassen, Ladungen oder Kraftkonstanten »spuckt« die Theorie nicht von selbst aus. Statt dessen müssen diese Zahlenwerte in aufwendigen, milliardenteuren Experimenten der Natur abgerungen werden. Allein deshalb hoffen viele Experten: »Es gibt eine bessere, dem Standardmodell übergeordnete Theorie. Sie verrät uns viel mehr als das Standardmodell, und wir müssen deutlich weniger nachmessen.« Die Suche nach dieser Theorie bildet letztlich das Leitmotiv sämtlicher Teilchenforschung. (Damit beschäftigen wir uns im Kapitel »Einsteins Traum«.)

– Das Standardmodell basiert auf 24 Fundamentalteilchen. »Viel zu viel!« meinen zahlreiche Experten. Sie glauben, daß die Welt in Wirklichkeit aus deutlich weniger Urteilchen besteht, daß viele der heute bekannten Partikel eigentlich aus noch kleineren Bausteinen zusammengesetzt sind. Heiße Kandidaten für diese Urbausteine des Universums sind die Superstrings (siehe Kapitel »Superstrings«).

– Das Standardmodell kennt vier Kräfte. Zwar kann es einige der Kräfte ansatzweise in Verbindung bringen; insbesondere gelten die elektromagnetische und die schwache Wechselwirkung als weitgehend vereinigt zur elektroschwachen Kraft. Dennoch meinen manche Theoretiker: Auch das ist noch zuviel! Sie hoffen, daß hinter dem bislang sichtbaren Treiben eine einzige Urkraft steckt. Diese soll sämtliche Kräfte in sich vereinen, selbst die vom Standardmodell so sträflich vernachlässigte Gravitation. Auch für diese ersehnte »Kräftehochzeit« gilt die Superstring-Theorie als heiße Fährte.

Das alles ergibt zusammen vier handfeste Gründe, die die Physiker an der »Allmacht« des Standardmodells zweifeln lassen. In gewisser Weise ähnelt es einer Traumvilla in der Nähe von San Francisco: tolle Lage, perfekte Ausstattung, das Bad aus Marmor, der Garten wie ein Park, zudem garantiert die kalifornische Sonne zu allen Jahreszeiten bestes Wetter. Bei näherem Hinsehen aber zeigt das Anwesen Macken und Mängel: Einige Wände haben Risse, oben im Bad leckt der Wasserhahn, ein paar Dachziegel sind locker. Und: Das Traumhaus steht auf wackeligem Grund. Der St.-Andreas-Graben ist nicht weit, ständig muß mit Erdbeben gerechnet werden. Kleinere Erdstöße nötigen zu Schönheitsreparaturen, mittlere Werte auf der Richterskala zu ernsthaftem Flickwerk. Das Schlimmste aber ist, daß zu jeder Stunde »the Big One« zuschlagen könnte – jenes mächtige, apokalyptische Erdbeben, vor dem sich mancher Kalifornier schon seit langem fürchtet. Der gewaltige Erdstoß würde die Grundfesten unserer liebgewonnenen Villa erschüttern.

Vergleichbares droht dem Standardmodell: Sollten Physiker irgendwo auf der Welt neuartige Teilchenphänomene beobachten, die partout nicht in das Gefüge des Modells passen wollen, dann wären seine Grenzen gesprengt. Anders jedoch als kalifornische Hausbesitzer fürchten sich die Physiker nicht vor einem derartigen »Beben der Erkenntnis« – viele sehnen es sogar herbei. Denn Meßdaten, die nicht ins Standardmodell passen, könnten den entscheidenden Fingerzeig geben, welche übergeordnete, »bessere« Theorie hinter dem Standardmodell verborgen liegt. Die Hoffnung scheint berechtigt: Derzeit haben gleich mehrere Laboratorien auf der Welt verdächtige Meßdaten registriert – Meßdaten, die das derzeitige Weltbild der Physik entscheidend erweitern könnten. In diesem Fall aber würde das Standardmodell – ganz im Gegensatz zur eingestürzten Traumvilla – nicht auf dem Schutthaufen landen. Zwar hätte es seinen Status als fundamentale Theorie der Physik womöglich verloren. Aber es bliebe – in den Grenzen seiner Gültigkeit – voll und ganz »in Betrieb« und behielte auch für zukünftige Physikergenerationen seinen unschätzbaren Wert.

Werkzeuge der Physiker: Beschleuniger und Detektoren

Trotz einiger Lücken und Defizite – das Standardmodell gilt als große wissenschaftliche Errungenschaft, als verläßliche »Physikerbibel« über den Aufbau des Mikrokosmos. Wie aber sind die Forscher auf dieses ausgetüftelte, komplexe Theoriewerk gestoßen? Mit Bleistift und Papier allein war es nicht zu vollbringen, auch wohnzimmerschrankgroße Supercomputer verhalfen nicht zu den entscheidenden Durchbrüchen. Der Schlüssel zum Forscherglück liegt vor allem in großangelegten Experimenten. Hier werden letztlich die exotischen Teilchen entdeckt und neuartige Kräfte erforscht.

Das wichtigste Werkzeug der Teilchenjäger ist der Beschleuniger. Er bringt Partikel wie Wasserstoffkerne praktisch auf Lichtgeschwindigkeit – auf sagenhafte 300 000 Kilometer pro Sekunde, 27 000 Mal so schnell wie die Spitzengeschwindigkeit der Apollo-Mondrakete. Im Prinzip nutzen die Wissenschaftler ihre Beschleuniger dazu, um bekannte Teilchen wie Elektronen oder Wasserstoffkerne mit voller Wucht aufeinanderzuschießen. Die Folge sind Frontalkollisionen im Nano-Maßstab, bei denen die »Unfallpartner« grob gesagt in ihre Einzelteile zerbersten. Beschleuniger sind die wahren

Riesen unter den Wissenschaftsmaschinen, ihre Größe mißt man mittlerweile in Kilometern. Trotzdem: Stattet man einem der großen Teilchenforschungszentren wie dem DESY in Hamburg einen Besuch ab, fahndet das Auge zunächst vergeblich nach irgendwelchen Anzeichen des Giganten. Statt dessen fällt der Blick auf langgestreckte Bürogebäude, Werkstätten für Feinmechanik und Elektronik, weiträumige Montagehallen, hier und dort ein großer Gastank, weiter hinten sogar ein Fußballplatz mit regulären Ausmaßen.

DESYs Herzstück findet sich nicht auf ebener Erde, sondern ein paar Stockwerke tiefer, in die man in einer der Hallen per Fahrstuhl fährt. Dort unten, zwanzig Meter unter der Erde, tut sich eine unerwartet große Halle auf. An deren Seite führt eine schmale Treppe einige Meter nach oben. Auf Knopfdruck öffnet sich langsam eine schwere Eisentür, dahinter endlich erscheint er – der lange, hell erleuchtete Tunnel von HERA. Die »Hadron-Elektron-Ringanlage« ist eine Teilchenschleuder der Superlative: Sie ist die einzige Maschine auf der Welt, die mit großer Wucht Elektronen auf Protonen schießt. Mit ihrem Umfang von 6,3 Kilometern ist HERA Deutschlands größte und zugleich teuerste Wissenschaftsmaschine, alles in allem hat sie rund eine Milliarde Mark gekostet.

Der Tiefbau von HERA hat natürlich seinen Sinn: Der Superbeschleuniger ist so groß, daß er die Grenzen des DESY-Geländes sprengt. Deshalb wich man auf den Hamburger Untergrund aus und ließ eine Schildvortriebsmaschine gewähren – einen mechanischen Maulwurf, wie er gewöhnlich zum Bau von U-Bahn-Tunneln dient. Zwei Jahre und vier Monate lang buddelte er sich durchs hanseatische Erdreich und hinterließ unter Volkspark, Altonaer Friedhof und Trabrennbahn den über sechs Kilometer langen Ringtunnel. Auf den unbefangenen Besucher wirkt das Innere des Betonschlauchs auf mysteriöse Weise einladend. Die Versuchung ist groß, einfach ein Stückchen hineinzulaufen, zumindest bis zu jenem horizontartigen Punkt, wo der Tunnel sachte nach rechts abknickt und sich allmählich den Blicken entzieht. Auf dem Fußmarsch durch den Untergrund darf man sich allerdings nicht erschrecken lassen: Das plötzliches Alarmschlagen einer Fahrradklingel bedeutet lediglich, daß waschechte »DESYaner« den Drahtesel als unterirdisches Fortbewegungsmittel favorisieren, anstatt die Tunnelkilometer mühselig zu Fuß zurückzulegen.

Der Tunnel von der Größe eines U-Bahn-Schachtes bildet die »Hülle« für die eigentliche Maschine. Genaugenommen beherbergt er zwei Beschleuniger: links neben dem Geh-und Radweg in Gartenzaunhöhe ein armdickes Stahlrohr für die Elektronen, darüber kreisen die sehr viel schwereren Wasserstoffkerne in weißen, halbmeterdicken Röhren. Beide Gebilde enthalten vor allem eines: Nichts! Spezialpumpen haben die Röhren luftleer gesaugt und fast vollständig von jeglichen Gasmolekülen befreit. Es herrschen Bedingungen wie im Weltraum: Der Druck beträgt ganze hundertmillionstel Millibar, hundert Milliarden Mal weniger als der normale Luftdruck. In diesen »Ultrahochvakuum«-Röhren haben die zu beschleunigenden Partikel weitgehend freie Bahn. Nur selten stoßen sie mit einem der nun raren Luftmoleküle zusammen.

Für die eigentliche Beschleunigung sorgen starke elektromagnetische Radiowellen. An einigen Stellen des HERA-Ringes werden sie in seltsam verformte, an auseinandergezogene Blasebälge erinnernde Metallzylinder eingespeist. In diese »Resonatoren« passen die Radiowellen optimal hinein, können sich dort regelrecht breitmachen. Elektronen wie Protonen fliegen in den knapp zwei Meter langen Resonator hinein und werden von einem Kamm der Radiowelle erfaßt. Auf diesem Kamm reiten die Teilchen wie Surfer auf der Atlantikwelle davon und bekommen so einen ordentlichen Schub mit auf den Weg. Erzeugt werden die Radiowellen übrigens

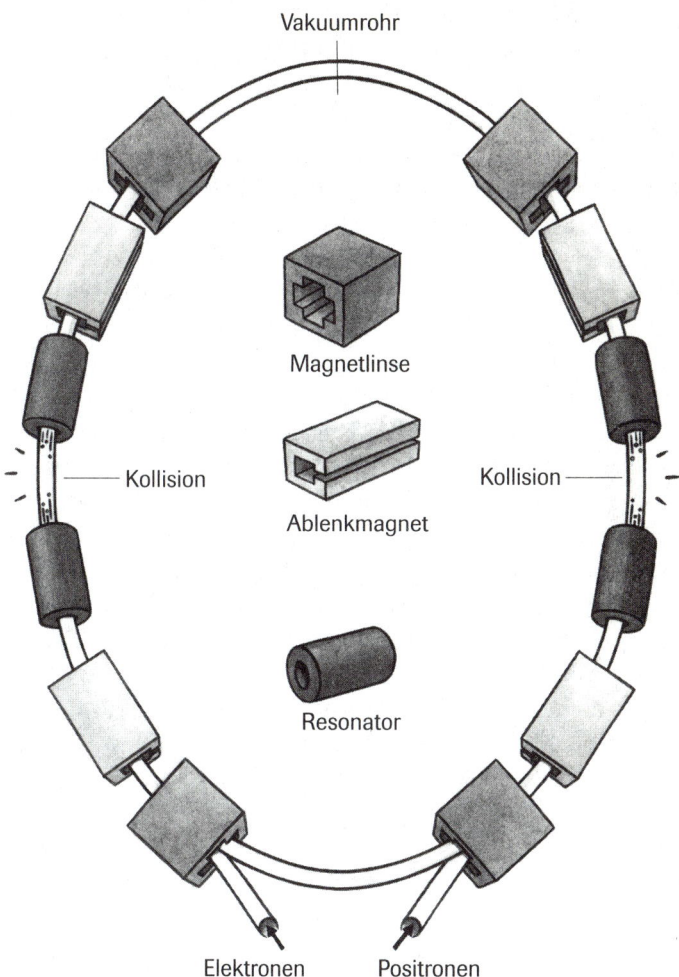

Schema eines Ringbeschleunigers. Im Vakuumrohr kreisen Elektronen im Uhrzeigersinn, Positronen dagegen. Resonatoren bringen die zu Paketen gebündelten Teilchen nahezu auf Lichtgeschwindigkeit. Ablenkmagnete halten die Partikel auf ihrer Kreisbahn; Magnetlinsen verhindern ein *Zerfasern* der Pakete. An den Kollisionspunkten stoßen Elektronen und Positronen frontal zusammen.

durch leistungsstarke Radiosender, untergebracht in einem Nachbartunnel. Für den Transport der Wellen sorgen »Wellenleiter« – viereckige Metallschächte ähnlich denen einer Klimaanlage.

Angetrieben von den Radiowellen ziehen Elektronen und Protonen ihre nahezu lichtschnellen Kreise, drehen pro Sekunde etwa 47 000 Runden. Dabei fliegen die Elektronen im Uhrzeigersinn, die Wasserstoffkerne dagegen. In jeder Runde durchlaufen sie die Resonatoren aufs neue und werden jedesmal wieder beschleunigt – das große Plus eines Ringbeschleunigers gegenüber einer geradlinigen Teilchenschleuder, bei der die Partikel jeden Resonator nur ein einziges Mal durchfliegen. In Hamburg verbleiben die Teilchen viele Stunden lang im Ring, werden dort regelrecht gespeichert, deshalb bezeichnet man Anlagen wie HERA auch als »Speicherring«. Um die Teilchen auf der vorgesehenen Kreisbahn zu halten, haben die Physiker eine »Magnetschiene« installiert: In den Kurven sind langgestreckte und präzise regelbare Elektromagnete aufgestellt. Sie erzeugen starke Felder, die den Teilchen ihre Richtung weisen.

Zur Ablenkung der relativ leichten Elektronen genügen herkömmliche, neun Meter lange Elektromagnete. Um die Protonen in der Bahn halten zu können, müssen die DESY-Physiker etwas tiefer in die Ingenieurs-Trickkiste greifen. Der Grund: Wasserstoffkerne sind knapp zweitausend Mal schwerer als Elektronen und fliegen aufgrund der höheren Fliehkräfte leichter aus der Kurve. Deshalb muß den Protonen deutlich mehr »Magnetpower« entgegengesetzt werden, und deswegen müssen die DESYaner mit »supraleitenden Magneten« arbeiten. Deren Vorteil: Schickt man elektrischen Strom durch sie hindurch, so kann dieser Strom völlig verlustfrei fließen, der elektrische Widerstand ist gleich null. Mit dieser Technik lassen sich viel größere Magnetfelder erzeugen als mit herkömmlichen Magneten.

Doch die Sache hat einen Haken: Supraleitung funktioniert nur bei Superfrost – bei minus 270 Grad Celsius, das sind wenige Grad über dem absoluten Nullpunkt der Temperatur! Aus diesem Grund müssen die Forscher die Magneten des HERA-Protonenbeschleunigers quasi einfrieren, das einzig probate Kühlmittel dafür ist Flüssighelium. Um das eigentlich gasförmige Helium zu verflüssigen, haben sich die DESYaner den größten Kühlschrank Europas aufs Gelände gesetzt. Damit sich die eingefrorenen Magneten nicht erwärmen, sind sie komplett in spezielle »Thermoskannen« eingebaut, aus diesen sogenannten Kryostaten ist fast der gesamte Protonenring zusammengesetzt. Jede der weißen Röhren ist neun Meter lang und gut einen halben Meter dick; das eigentliche Strahlrohr im Zentrum der Thermoskannen hat hingegen nur den Durchmesser eines menschlichen Armes. Die Kryostaten garantieren eine nahezu perfekte Wärmeisolierung. Zählt man sämtliche, normalleitende wie supraleitende Magneten des HERA-Beschleunigers zusammen, so kommt man auf nicht weniger als 3842 Stück.

Doch wo kommen die Teilchen her, die lichtschnell in HERA kreisen? Die Elektronen entstehen ähnlich wie die in einem Fernseher: Ein Metalldraht wird aufgeheizt, die Elektronen verdampfen daraus und werden durch ein elektrisches Feld zu einem Strahl gebündelt. Die Protonen hingegen »lagern« in einer Flasche mit Wasserstoffgas. Mit ausgefeilten Techniken berauben sie die Physiker ihrer Elektronenhüllen, übrig bleiben Protonen, nackte Wasserstoffkerne, die anschließend zu Strahlen geformt werden. Für die lichtschnelle HERA-Karussellfahrt ist es zu diesem Zeitpunkt aber noch zu früh; zuvor müssen Protonen wie Elektronen vorbeschleunigt werden. Die Situation ähnelt einem Anfängerfehler beim Autofahren: Wer versucht, sein ruhendes Vehikel im vierten Gang auf Touren zu bringen, wird kläglich scheitern und allenfalls den Motor abwürgen. Auch HERA kann Teilchen nicht aus dem Stand beschleunigen. Aus diesem Grund haben die DESY-Physiker ihrem Superbeschleuniger eine Art Gangschaltung verpaßt. Der erste Gang ist ein schnurgerader Linearbeschleuniger; er dient zum »Anfahren«. Für Protonen und Elektronen gibt es jeweils einen eigenen »Linac«, 32 bzw. 70 Meter lang. Dem zweiten Gang entspricht das »Synchrotron«: ein Vorbeschleuniger mit einem Umfang von 239 Metern für Elektronen bzw. 317 Metern für Protonen. Er nimmt die Teilchen vom Linearbeschleuniger auf und bringt sie weiter auf Touren. Ringschleuder PETRA, der mit 2,3 Kilometern Umfang lange Zeit stärkste Beschleuniger in Hamburg, fungiert als dritter Gang und macht den Teilchen nochmals Beine. Im letzten Schritt übergibt PETRA die Partikel an HERA. Jetzt endlich, im vierten Gang, erreichen die Teilchen ihre endgültige Reisegeschwindigkeit. Elektronen wie Protonen kreisen dabei nicht als »Einzelkämpfer« durch den Ring, sondern sind zu Paketen gebündelt. Ein solches Paket hat in etwa die Ausmaße eines menschlichen Haares und enthält bis zu hundert Milliarden Teilchen. Zwar neigen die Pakete während des Fluges zum Auseinanderfasern, aber spezielle in den Beschleuniger integrierte Magnetlinsen pressen sie immer wieder zusammen.

Im übrigen sprechen die Physiker nur ungerne von Teilchengeschwindigkeiten, sondern lieber von Teilchenenergien. Mit gutem Grund: Die Maximalgeschwindigkeit eines jeden Teilchens ist begrenzt: Laut Albert Einsteins Relativitätstheorie darf kein Partikel die Lichtgeschwindigkeit überschreiten, und so, wie es aussieht, scheinen sich bislang alle an diese »kosmische Geschwindigkeitsbegrenzung« zu halten. Anders bei der Energie: Hat man einen genügend kräftigen Beschleuniger zur Hand, ließe sich ein Teilchen im Prinzip auf eine beliebig hohe Energie bringen. Ein scheinbares Paradoxon: Denn in der Alltagsphysik ist die Bewegungsenergie eines Teilchens direkt an seine Geschwindigkeit gekoppelt. Wie aber kann es da immer weiter an Energie gewinnnen, obwohl es schon längst seine Höchstgeschwindigkeit erreicht hat, die Lichtgeschwindigkeit? Die Lösung: Versucht man ein Teilchen nahe der Lichtmauer noch weiter zu beschleunigen, so wird es nicht an Geschwindigkeit gewinnen, sondern an Masse! Schwerer statt schneller – so lautet also die Devise. Sie ist eine direkte Konsequenz von Albert Einsteins Geniestreich »$E = mc^2$«. Die wohl berühmteste aller Physikformeln besagt, daß Masse und Energie absolut äquivalent sind. Beide Phänomene sind also letzlich das gleiche – ebenso wie Dollar und Euro eigentlich auch das gleiche sind, nämlich Geld. Und ebenso wie Währungen an der Wechselstube lassen sich auch Masse und Energie unter bestimmten Bedingungen gegeneinander eintauschen.

Also reden die Physiker stets von Teilchenenergien, wenn sie sich mit schnellen Partikeln befassen. Als Einheit für diese Energien hat sich das »Elektronenvolt« durchgesetzt. Die Definition: Man lege an zwei Metallplatten eine Spannung von einem Volt an und lasse ein Elektron von einer Platte zur anderen driften. Das Elektron durchläuft also ein Volt – und gewinnt dabei eine Energie von einem Elektronenvolt, kurz eV. Steigert man die Spannung auf tausend Volt, so wird das Elektron zu »Monsieur tausend Elektronenvolt«. Ein ausgewachsener Speicherring bringt es natürlich auf ganz andere Werte: HERA beschleunigt Elektronen auf dreißig GeV (Gigaelektronenvolt = dreißig Milliarden eV). Zum Vergleich: Eine Fernsehbildröhre, in der ebenfalls Elektronen beschleunigt werden, schafft gerade mal zwanzigtausend eV. Die Protonen erreichen bei HERA sogar einen Wert von 820 GeV, was an ihrer sehr viel größeren Masse liegt. Äußerst hochenergetische Teilchen also, weshalb man die Teilchenphysik mitunter auch als Hochenergiephysik bezeichnet.

Beschleunigergiganten – heute und morgen

Der Riese: Der Large-Electron-Positron-Collider LEP in Genf ist bis zum Jahr 2000 die größte Teilchenschleuder der Welt. Der Speicherring bringt es auf einen Umfang von 27 Kilometern und beschleunigt Elektronen wie Positronen auf eine Energie von hundert Gigaelektronenvolt (GeV).

Der Kraftprotz: Das Tevatron in Chicago gilt heute als der stärkste Beschleuniger auf dem Globus. Er hat einen Umfang von 6,4 Kilometern, feuert schwere Wasserstoffkerne aufeinander und erreicht eine Energie von einem Terraelektronenvolt (TeV) – das Zehnfache von LEP. Der Aufwand lohnte: 1994 wurde am Tevatron das Top-Quark entdeckt.

Der Zwitter: Als einzige Teilchenschleuder der Welt schießt HERA Protonen und Elektronen aufeinander – und fungiert somit als Supermikroskop für Wasserstoffkerne. Der Umfang des Mischlings: immerhin 6,3 Kilometer, seine Energie: dreißig GeV für Elektronen, 820 GeV für Protonen.

Der Star von morgen: Im Jahre 2005 wird er zum König unter den Beschleunigern: Der Large Hadron Collider LHC soll in den 27 Kilometer umfassenden Tunnel von LEP eingebaut werden und dort Wasserstoffkerne statt Elektronen auf Trab bringen. Die angepeilte Energie: sieben TeV, das Siebenfache des heutigen Rekordhalters Tevatron.

Die Rennstrecken der Zukunft: Bei der Beschleunigung von Elektronen und Positronen hat das Speicherring-Modell ausgedient. Um das Jahr 2010 sollen schnurgerade, bis zu 33 Kilometer lange Rennkanäle die Teilchen auf Energien von fünfhundert GeV und mehr bringen – das Fünffache von LEP. Derzeit werden gleich drei dieser Linear Collider geplant: JLC (Japan), NLC (USA) und TESLA (Deutschland).

Warum Beschleuniger immer größer werden

Seit den Anfängen der Beschleunigertechnik in den vierziger und fünfziger Jahren sind die Dimensionen der Teilchenschleudern stetig gewachsen. Waren es bei den ersten Geräten nur einige Meter, so hat der heute größte Beschleuniger einen Umfang von 27 Kilometern. Er findet sich am Europäischen Labor für Teilchenphysik CERN in Genf. Ein Fußmarsch durch den unterirdischen Tunnel von LEP dauert nahezu einen Tag, wobei man unbemerkt die schweizerisch-französische Grenze unterquert.

Der Grund für die Gigantomanie: Elektronen können in einem Speicherring nicht bis ultimo beschleunigt werden. In den Kurvenabschnitten nämlich verlieren sie einen Teil ihrer Energie, indem sie mehr oder minder starkes Röntgenlicht aussenden, die »Synchrotronstrahlung«. Je höher nun die Energie der beschleunigten Partikel ist, desto stärker werden diese Strahlungsverluste. Bei einer bestimmten Teilchenenergie ist die Grenze erreicht: Die Elektronen geben in den Kurven gerade soviel Energie als Synchrotronstrahlung ab, wie sie in den Resonatoren aufnehmen können – der Beschleuniger stößt an seine Maximalenergie. Aus dieser Klemme führt nur ein Ausweg: ein größerer Beschleuniger. Dessen Umfang ist größer, damit wird die Krümmung der Kurvenabschnitte kleiner. Und je sachter die Krümmung, desto geringer die Strahlungsverluste.

Für die Beschleunigung von Protonen gilt ähnliches: Die Energie wird nicht durch die Synchrotronstrahlung begrenzt, sondern durch die maximal möglichen Kräfte der Ablenkmagneten. Anders ausgedrückt: Bei der sachten Krümmung eines großen Speicherrings fliegen die schweren Wasserstoffkerne weniger schnell aus ihrer Bahn als in den scharfen Kurven eines kleines Ringes. Der Märchentraum eines Teilchenjägers wäre demnach ein Beschleuniger, der sich entlang des

Äquators rund um den Erdball erstreckt. Das Problem: Keine Bank der Welt würde für die Finanzierung eines derartigen Utopieprojektes geradestehen. Wozu aber dient der gewaltige Aufwand, was bezwecken die Physiker mit ihrer gigantischen Teilchenrennbahn? Das Ziel: An zwei Stellen des HERA-Ringes lenken die Forscher die Protonen- und Elektronenpakete aufeinander. Beide Teilchenhorden durchkreuzen sich wie zwei sich entgegenkommende Meteoritenschwärme im Weltraum. Zu Kollisionen kommt es dabei äußerst selten: Die »Mini-Meteoriten« innerhalb eines Schwarms sind so weit voneinander entfernt, daß Zusammenstöße extrem rar sind. Aber genau auf diese Kollisionen haben es die Physiker abgesehen: Sie verraten den Experten die gesuchten Details aus dem Mikrokosmos – winzige »Frontalunfälle« als Quelle der Erkenntnis.

Bei diesen Teilchenkollisionen treten zwei unterschiedliche Phänomene auf:

– Bei HERA trifft ein leichtes Elektron auf einen schweren Wasserstoffkern. Dieses Proton besteht aus drei Quarks, und von einem dieser Quarks wird das leichte Elektron in seiner Richtung abgelenkt, wird aus der Bahn »gekickt«. Diese Ablenkung ist das Entscheidende: Der Ablenkwinkel verrät, wie es im Inneren des Protons genau aussieht. Trifft ein Elektron mit voller Wucht auf eines der drei Protonen-Quarks, so kann es dieses sogar herausschlagen – auch das können die Physiker beobachten. Im Grunde funktioniert HERA wie ein Mikroskop: Die Elektronen fungieren als Lichtstrahl, die Wasserstoffkerne bilden die Untersuchungsobjekte.

– In Beschleunigern wie LEP am CERN schießen die Teilchenjäger Elektronen auf ihre Antiteilchen, die Positronen. Dabei geschieht gar Merkwürdiges: Elektron und Positron vernichten sich gegenseitig in einer Art Energieblitz. Dieser Blitz ist winzig klein, aber enorm dicht; die Energie ist auf kleinstem Raum geballt. Das mikroskopische Energiebündel hat nun den Drang, sich unverzüglich wieder zu materialisieren – und zwar nicht unbedingt wieder als Elektron-Positron-Pärchen, sondern womöglich als exotisches, vielleicht sogar ganz neues Teilchen. Dieses Hin und Her zwischen Masse und Energie haben wir erneut der von Albert Einstein erkannten »Masse-Energie-Äquivalenz« zu verdanken. Die Zauberformel heißt auch hier $E = mc^2$. Entscheidend ist dabei, daß Elektron und Positron beim Zusammenprall nicht nur ihre (recht bescheidene) Ruhemasse in einen Energieblitz transferieren, sondern auch ihre (beträchtliche) Bewegungsenergie. Je stärker also Stoßpartner beschleunigt sind (je größer also ihre Energie ist), desto stärker wird der »Kollisionsblitz« und desto schwerer können die Teilchen sein, die aus ihm hervorgehen. Angesichts dieser Gesetzmäßigkeit wird auch der Physikerwunsch nach immer stärkeren und größeren Teilchenschleudern verständlich – je größer die maximale Kollisionsenergie einer Maschine wird, um so schwerer und ungewöhnlicher sind die Partikel, die in ihr entstehen. So gesehen ist LEP eine »Teilchenerzeugungsmaschine«: Aus schnellen, leichten Ausgangsteilchen werden in den Wirren einer Materie-Antimaterie-Kollision langsame, schwere Exotenteilchen.

Nach dem gleichen Prinzip arbeiten »Protonen-Collider« wie das Tevatron in der Nähe von Chicago: Anstatt leichte Elektronen aufeinanderzuschießen, bringen die Forscher hier zwei Wasserstoffkerne zur Frontalkollision. Der Vorteil: Protonen sind knapp zweitausend Mal schwerer als Elektronen und Positronen, bringen also viel mehr Masse in die Kollision mit ein. Die Folge: eine deutlich höhere Kollisionsenergie, die gegenüber den Elektron-Positron-Maschinen die Erzeugung von viel schwereren Teilchen erlaubt. Allerdings haben Protonen-Collider einen dicken Nachteil: Der »Weintrauben-effekt« erschwert die Analyse der Stoßprozesse ganz enorm. Prallen zwei Protonen aufeinander, so läßt sich dies mit der Kollision zweier Weintrauben vergleichen. Eigentlich hat man es dabei auf die Stoßprozesse der Weintraubenkerne abgesehen, aber beim Zusammenknall spritzt vor allem jede Menge Fruchtfleisch durch die Gegend und verschleiert den Blick auf die wirklich wichtigen Prozesse – die Kollisionen zwischen den Kernen. Im Proton entspricht der Weintraubenkern einem der drei Quarks, das Fruchtfleisch hingegen den Gluonen (Klebeteilchen). Bei Stoßexperimenten mit Elektronen und Positronen haben es die Physiker dagegen mit Kernen ohne Fruchtfleisch zu tun. Die Konsequenz: Experimente mit Elektronen sind viel »sauberer« als solche mit Protonen, sie lassen sich erheblich einfacher analysieren.

Wie beobachtet man all diese mikroskopisch kleinen Prozesse? Wie stellt man fest, ob in seinem Beschleuniger ein neues Teilchen entstanden ist oder nicht? Dazu haben die Physiker sogenannte Teilchendetektoren um den Kollisionspunkt herumgebaut – haushohe Nachweisinstrumente, einige tausend Tonnen schwer, vollgestopft mit High-End-Elektronik. Diese Riesenprojekte, an denen oft mehrere hundert Forscher arbeiten, sind am DESY in Hamburg die beiden Teilchendetektoren H1 und Zeus. In ihnen werden die Zusammenstöße der Elektronen und Protonen genauestens vermessen und analysiert. Möchte man sich so einen Detektor näher anschauen, muß man das DESY-Gelände verlassen, etwa anderthalb Kilometer die vierspurige Hauptstraße stadtauswärts fahren und schließlich in einen unscheinbaren Weg einbiegen. Hier, in der Nähe des Volksparkstadions, führt in einem kuppelartigen Gebäude ein Fahrstuhl in die Tiefe – dorthin, wo lichtschnelle Elektronen und Protonen ihre fatalen Rendezvous haben.

Von außen betrachtet erscheint der Detektor lediglich als riesiger Metallklotz, sein Innenleben ist jedoch überaus komplex. Das Ding ist eine wahre »High-Tech-Zwiebel«: Es besteht aus verschiedenen Schichten, jede dieser Schichten hat ihre besondere Aufgabe. Das Prinzip: Bei der Kollision von Elektron und Proton werden entweder einzelne Teilchen in ihrer Richtung abgelenkt, oder es entstehen ganz neue Teilchen. Sie verlassen den Kollisionspunkt in alle möglichen Richtungen, fliegen unweigerlich durch den Detektor und hinterlassen dort ihre Spuren. Eines der Probleme besteht darin, daß die ursprünglich bei der Kollision entstandenen Teilchen oft gar nicht vom Detektor »gesehen« werden können – sie haben nur für einen winzigen Augenblick existiert und sind gleich wieder in kleinere, stabilere Teilchen zerfallen. Die Experten können also zumeist nur die Zerfallsprodukte des gesuchten Teilchens beobachten. Aus Anzahl, Beschaffenheit und Flugbahnen dieser Zerfallsprodukte müssen sie dann das eigentliche Geschehen rekonstruieren – ein mühevoller Indizienbeweis.

Um ihn schlüssig zu gestalten, werden die Zerfallsprodukte von den unterschiedlichen Schichten der Detektorzwiebel genauestens vermessen. So verfolgen sogenannte Spurenkammern mit höchster Präzision die Bahn der einzelnen Teilchen, weiter außen messen »Kalorimeter« ihre Energien. Die einzelnen Komponenten spucken ihre Ergebnisse in Form von elektrischen Impulsen aus, Zigtausende von Kabeln führen vom Detektor in einen benachbarten Containerstapel. Hier wandeln Schränke voller Hochleistungselektronik die elektrischen Signale in computerlesbare Zeichen um. Die Ergebnisse einer Kollision werden auf großen Festplatten gespeichert; mit der Zeit entsteht ein gewaltiger Datenwust, den die Physiker im Laufe von Wochen, Monaten oder gar Jahren abarbeiten und nach den wirklich interessanten Ereignissen durchsuchen.

Ein wahrer Volltreffer – etwas wirklich Neues – passiert nämlich äußerst selten. Die meisten der Kollisionen in einem Beschleuniger verlaufen nach »Schema F«, nach bereits bekannten und theoretisch wohlbeschriebenen Mustern.

Kommt es tatsächlich mal zu einem Volltreffer, geben sich die Experten dennoch nicht zufrieden: Um sich ihrer Sache sicher zu sein, benötigen sie das ungewöhnliche Ereignis gleich in dutzend- oder hundertfacher Ausfertigung. Die Situation der Teilchenjäger ähnelt der eines Zeitgenossen, der auszog, die genaue Form eines Gartenzauns in dunkelster Nacht herauszufinden. Zu sehen ist der Zaun nicht, und der Unentwegte entscheidet sich für eine Spezialmethode: Er wirft Tennisbälle auf den Zaun und schaut nach, wie viele der Geschosse abprallen und vor seinen Füßen landen: Von einer kompakten Mauer sollte jeder Ball wieder zurückkommen, von einer Begrenzung Marke »Jägerzaun« vielleicht nur jeder zweite. Und steht gar keine Einfriedung im Wege, so werden sämtliche Filzkugeln auf dem Rasen des Anwesens landen. Das Problem: Wirft der Neugierige nur einen einzigen Ball, und dieser Ball kommt wieder zurück, so bedeutet das noch herzlich wenig: Es könnte eine hohe Mauer im Wege stehen, aber ebenso ein Zaun bestehend aus einem einzigen Querbalken, auf den der Ball nur rein zufällig getroffen ist. Um sicherzugehen, hilft nur mehrmaliges Probieren: Erst nach Dutzenden oder Hunderten von Würfen wird sich ein halbwegs realistisches Bild über die wahre Gestalt des Zaunes abzeichnen. Und dieses Bild wird um so genauer, je mehr Tennisbälle man auf das Objekt seiner Neugier schleudert. Die Teilchenjäger aber stehen weniger vor einem Lattenzaun, sondern vielmehr vor einer Art Torwand mit einem einzigen, äußerst kleinen Loch. Um dennoch den einen oder anderen Treffer zu landen, muß der Physiker ausgesprochen viele Geschosse gegen die Wand donnern. Anders gesagt: Erst wenn er genügend viele Bälle geworfen hat, mag ein seriöser Teilchendetektiv von einer wissenschaftlichen Entdeckung sprechen, und erst dann kann er darüber urteilen, ob er mit seinem Experiment die Prognosen des Standardmodells bestätigen konnte oder aber auf etwas Unerwartetes, völlig Neues gestoßen ist. Aus diesem Grund laufen Beschleunigerexperimente oft über Monate, und Jahre – kein Spiel für ungeduldige Forschernaturen.

Warum verschwand die Antimaterie?

Der Bau von riesigen Beschleunigern und gigantischen Detektoren war nicht vergebens. Mit ihrer Hilfe konnten die Physiker dem Mikrokosmos manches Geheimnis entreißen. So scheint es heute, daß die Welt im wesentlichen aus Quarks und Elektronen besteht und vier Kräfte den Kosmos zusammenhalten. Mit dem Standardmodell haben die Experten eine höchst brauchbare, wenngleich alles andere als »wasserdichte« Formelsammlung in den Händen. Viele Fragen läßt das derzeitige Weltbild noch offen: Sind Quarks tatsächlich die Grundbausteine der Materie? Lassen sich die vier Naturkräfte womöglich auf eine einzige Urkraft zurückführen? Und welche Rolle spielt die rätselhafte Antimaterie bei alledem? Um letzterer Frage auf den Grund zu gehen, stellen die Teilchenforscher derzeit einiges an experimentellem Rüstzeug auf die Beine.

Um wieviel leichter haben es da die Jünger der Science-fiction-Gemeinde. In ihren Gedanken ist die Antimaterie längst beherrscht, treibt gar ganze Flotten von Raumkreuzern an. Das Prinzip ist simpel: Man gebe eine Prise Antimaterie zu einer gleich großen Menge Materie, und schon rauscht die »Enterprise« mit Warp 9, mit vielfacher Lichtgeschwindigkeit, hinaus in die unendlichen Weiten des Weltraums. Und tatsächlich: Bringt man ein Teilchen mit einem Antiteilchen in Berührung, vernichten sich beide in einem Blitz und zerstrahlen zu purer Energie. Diese »Annihilation« liefert eine nahezu phantastische Energieausbeute. Würde ein hundert Gramm schwerer Tennisball mit einem gleich schweren Antitennisball zusammenstoßen, entspräche dies der Explosion eine Wasserstoffbombe.

Ein Antiteilchen ist in gewisser Hinsicht das Spiegelbild eines herkömmlichen Teilchens: Beide tragen dieselben Ei-

Exkurs: Warpantrieb und Antibomben

In irdischen Laboren nimmt die Herstellung von stabiler Antimaterie in Form von Wasserstoffatomen Gestalt an. Rückt damit auch der Antimaterieantrieb vom ›Raumschiff Enterprise‹ ein Stückchen näher? Den Fachleuten ringt diese Vision allenfalls ein müdes Lächeln ab. Mit Antiatomen einen Raketenantrieb zu bauen, erscheint ihnen nach wie vor absurd – selbst angesichts der Tatsache, daß man mittlerweile Antiatome künstlich herstellen kann. Der Grund: *Um Antiatome zu erzeugen, brauchen wir soviel Energie, daß sich dieses Spiel nicht lohnen wird*, sagt der Physiker Walter Oelert, Chef jenes Genfer Forscherteams, das 1995 erstmals Antiwasserstoff erzeugt hat. *Bereits einige wenige Antiatome herzustellen, belastet die Stromrechnung mit fünf- bis sechsstelligen Summen!* Und würde man sämtliche bekannte Vorräte an fossiler Energie an einen Beschleuniger verfüttern, um Antimaterie herzustellen, und könnte man daraus einen Autoantrieb auf Antimaterie-Basis bauen, so reichte dieser gerade für eine Strecke von zweitausend Kilometern. Mit anderen Worten: Würde man mit diesem Antiauto von Hamburg zur Papstaudienz nach Rom reisen, so gingen dabei sämtliche Vorräte an Öl, Kohle und Gas drauf – eine kostspielige Pilgerfahrt. Ein Antiraketenantrieb erscheint also heute genauso hirngespinstig wie ein Antikraftwerk oder gar eine Antibombe. Oelerts Fazit: *Ich empfehle Ihnen, ›Raumschiff Enterprise‹ weiterhin zu gucken und sich daran zu erfreuen. Aber setzen Sie bloß keine Aktien darauf, daß es die Enterprise jemals geben wird!*

genschaften – nur mit umgekehrten Vorzeichen. Ist ein Materieteilchen elektrisch positiv geladen, so trägt sein Antipendant eine negative Ladung. Gleiches gilt für die Ladungen der anderen Naturkräfte, zum Beispiel für die Farbladung der

starken Kraft. Trägt ein Materie-Quark eine rote Ladung, so
wird sein Antiquark die Komplementärfarbe haben, in diesem Fall blaugrün. Treffen nun Teilchen und Antiteilchen aufeinander, so egalisieren sich dabei sämtliche Ladungen: Plus
und Minus ergeben null, Rot und Blaugrün mischen sich zum
neutralen Weiß. Die Folge: Teilchen und Antiteilchen verlieren ihre Eigenschaften und hören auf zu existieren. Die beiden
Massen aber verwandeln sich in pure Energie, in einen Strahlungsblitz von beträchtlicher Energiedichte. Umgekehrt
kann sich ein Strahlungsblitz auch materialisieren: Aus Strahlung kann Masse entstehen, und zwar in Form eines Teilchen-
Antiteilchenpaares.

Auch wenn sich das alles reichlich verrückt anhört: Die
Physiker nutzen dieses Wechselspiel zwischen Materie und
Antimaterie schon lange aus. In ihren Beschleunigern
schießen sie Elektronen auf ihre Antiteilchen, die Positronen.
Bei den heftigen Rendezvous zerstrahlen die Partikel und setzen dabei sowohl Masse als auch Schwung in reine Energie
um. Aus diesem Energieball können sich dann neue, exotische
Teilchen materialisieren. Doch Antimaterie ist nichts Künst-
liches: Auch in der Natur entsteht sie laufend. So kann sich
kosmische Röntgenstrahlung unter dem Einfluß der Erdatmosphäre zu Elektron-Positron-Pärchen materialisieren.
Außerdem werden auch bei radioaktiven Kernzerfällen
Positronen gebildet. Ein langes Leben ist ihnen allerdings
nicht beschert. Der Flirt mit dem nächstbesten Materieteilchen gerät für das Positron unweigerlich zum fatalen »Anni-
hilations-Showdown«.

Warum aber gibt es Antimaterie überhaupt? Wenn man so
will, ist das eine Sache der Buchführung. Man denke sich den
Kosmos als gemeinnützigen Verein. Dieser darf bekanntlich
keine Gewinne erwirtschaften; im Prinzip müssen sich Ein-
nahmen und Ausgaben egalisieren, in der Jahresbilanz muß
unterm Strich eine Null stehen. Ähnlich hat auch bei Entste-

hung von Materie aus Energie unterm Strich eine Null zu stehen: Da ein Ball aus purer Strahlungsenergie keinerlei Ladung besitzt, muß auch die Gesamtladung sämtlicher aus ihm entstandener Teilchen gleich null sein. Die Folge: Entsteht irgendwo aus einem Energieblitz ein negativ geladenes Elektron, muß simultan ein ausgleichendes Pendant entstehen: das Positron, das mit seiner positiven Ladung das Elektron neutralisiert. Dieses »Nullsummenspiel« gilt für sämtliche Partikel – weshalb es zu jedem Teilchen ein Antiteilchen gibt.

Eines aber steht fest: Unsere Umgebung besteht praktisch nur aus Materie – eine triviale Feststellung. Würden auf der Erde regelmäßig Tennisbälle auf Antitennisbälle treffen, so wären gigantische Explosionen an der Tagesordnung: nicht die besten Voraussetzungen für die Entwicklung des Lebens. Genau diese Dominanz der Materie gegenüber der Antimaterie aber bereitet Teilchenforschern ebenso wie Kosmologen gehöriges Kopfzerbrechen, denn daß so gut wie alles im Universum aus Materie zu bestehen scheint, ist aus theoretischer Sicht alles andere als einleuchtend.

Die gängige Theorie die Kosmologen geht davon aus, daß das Weltall in einem gewaltigen Urknall entstanden ist. Dabei soll sich ein winziger, unvorstellbar dichter Energieball explosionsartig materialisiert haben. Theoretisch jedoch müßte beim »Big Bang« – ebenfalls wieder aus Buchhaltungsgründen – gleich viel Materie und Antimaterie entstanden sein. Wenn dem aber so gewesen wäre, dann hätten sich Materie und Antimaterie in den ersten Augenblicken des Universums eine verheerende Annihilations-Schlacht geliefert. Übriggeblieben wäre ein Kosmos voller Licht, aber ohne ein einziges Teilchen – von Atomen, Kristallen oder Planeten ganz zu schweigen.

Doch bekanntlich löste sich nicht alles in strahlendes Wohlgefallen auf – ein ganz klein bißchen Materie blieb über.

In Zahlen: Nur ein Milliardstel der Urknallenergie konnte sich später zu interstellaren Gasen, zu Sternen und sogar zu Lebewesen verdichten. Der ganze Rest geistert bis heute als Strahlung im Weltraum herum. Warum nun ausgerechnet Materie, aber scheinbar keine Antimaterie übrigblieb, können die Forscher nur vermuten. Der Grund liegt, so glauben viele Experten, in einer winzigen Anomalie in der Welt der Elementarteilchen.

In den Physikmodellen der fünfziger Jahre sah man Teilchen und Antiteilchen noch in perfekter Symmetrie, betrachtete sie als Bild und exaktes Spiegelbild. Ein schönes Bild, das aber 1964 einen Riß bekam: An einem Beschleuniger entdeckten zwei US-Physiker eine winzige Unregelmäßigkeit beim Zerfall eines exotischen Teilchens, dem sogenannten K-Meson. Die einzig mögliche Erklärung: Materie und Antimaterie müssen sich unterschiedlich, genauer gesagt »unsymmetrisch« verhalten haben – ein Ergebnis, das die Fachleute erschütterte.

Plötzlich war ein wesentlicher Baustein ihres bisherigen Weltbildes brüchig geworden, die Erhaltung der sogenannten CP-Symmetrie. Dieser Lehrsatz besagt: Würde man das Universum elektrisch umpolen und gleichzeitig in sein Spiegelbild verkehren, so würde dieser Antikosmos trotzdem exakt denselben Physikregeln gehorchen wie das »normale« Weltall. Eine falsche Annahme! Ganz selten nämlich kann in der Natur die perfekte Symmetrie »brechen«. Gewissermaßen hat das Bild im Spiegel ein winziges Fältchen mehr als sein Original.

In den siebziger Jahren ersannen zwei Japaner einen hypothetischen Ausweg. Die »CP-Verletzung« beschreibt einen komplexen Mechanismus, der das winzige Ungleichgewicht zwischen Teilchen und Antiteilchen zu erklären vermag. Früher war man davon ausgegangen, daß die Quarks eindeutig bestimmten »Familien« zuzuordnen sind; insgesamt geht das Standardmodell von drei Familien aus. Kobayashi und Maskawa erweiterten das Standardmodell: Sie erlauben es einzelnen Quarks, zwischen verschiedenen Familienzugehörigkeiten hin und her zuspringen und damit zwei Familien gleichzeitig anzugehören. Der Experte spricht von einer »Mischung von Quark-Zuständen«. Eben dieser ominöse Effekt aus dem Mikrokosmos könnte nach Ansicht zahlreicher Experten in recht komplizierter Weise damit zusammenhängen, daß sich in den Wirren des Urknalls die Materie gegenüber der Antimaterie durchsetzen konnte.

Noch aber wartet dieses Modell auf seine endgültige Bestätigung. Das Problem: Die japanische Theorie besagt, daß die CP-Verletzung nicht nur beim K-Meson, sondern auch bei einem anderen exotischen Teilchen auftreten muß, dem B-Meson – ein heißgesuchter Effekt. Gleich drei Teilchenschleudern auf der Welt jagen derzeit dem Rätsel des B-Meson-Zerfalls hinterher. Die US-Amerikaner haben ebenso wie die Japaner dafür eigens einen neuen Beschleuniger gebaut; in Hamburg versucht es ein Physikerteam mit einem Versuchsaufbau am Speicherring HERA. Alle drei Anlagen stehen vor einer großen Herausforderung: Wenn es die CP-Verletzung in der vermuteten Form tatsächlich gibt, dann müßte sie auch bei den B-Mesonen zu sehen sein – allerdings nur extrem selten. Um den Effekt also überhaupt beobachten zu können, müssen die Forscher Abermillionen dieser B-Teilchen herstellen, viel mehr, als es die alten Beschleuniger können. Mit einer Milliarde B-Mesonen pro Jahr peilen sowohl die US-Forscher als auch die japanischen Teilchenjäger eine regelrechte Massenproduktion an. Konsequenterweise bezeichnen beide Konkurrenzteams ihre Speicherringe als B-Factory (B-Fabrik).

Beide Anlagen – die eine am Teilchenforschungszentrum SLAC bei San Francisco, die andere im japanischen Wissenschaftszentrum Tsukuba – feuern ab 1999 Elektronen und

Warum verschwand die Antimaterie?

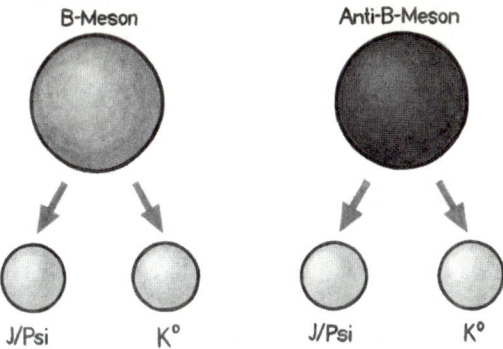

Bei der Kollision lichtschneller Elektronen und Positronen im Beschleuniger entstehen gleichhäufig bestimmte B-Mesonen und ihre Antiteilchen, Anti-B-Mesonen. Beides sind instabile Partikel, innerhalb von Sekundenbruchteilen zerfallen sie unter anderem in kleinere exotische Teilchen, J/Psi und K^0 genannt. Auf diesen speziellen Prozeß, den *goldenen Zerfall*, haben es die Forscher abgesehen: Stimmt das Modell der CP-Verletzung, so müßte das B-Meson öfter zu J/Psi und K^0 zerfallen als das Anti-B-Meson. Der theoretisch postulierte Unterschied zwischen Materie und Antimaterie hätte sich experimentell bestätigt.

Positronen mit voller Wucht aufeinander. Bei diesen mikroskopischen Explosionen entstehen die schweren B-Mesonen – labile Exoten, die just nach ihrer Geburt wieder zerfallen und deren Zerfallsprodukte von den Physikern als »Fingerabdrücke« nachgewiesen werden können. Gelegentlich soll sich hierbei die CP-Verletzung zeigen, indem B-Mesonen und Anti-B-Mesonen unterschiedlich oft in bestimmte kleinere Teilchen zerfallen. Damit würde sich ein feiner, aber bedeutsamer Unterschied zwischen Materie und Antimaterie zeigen. »Das wäre eine Entdeckung von allerhöchstem Rang«, glaubt SLAC-Physiker Jonathan Dorfan. »Mit Hilfe unserer Maschine könnten wir endlich verstehen, warum die Antimaterie im Universum verschwunden ist.«

Diese Aussicht ist den Verantwortlichen einiges wert. Knappe fünfhundert Millionen Mark wird sowohl die fernöstliche als auch die US-amerikanische B-Factory mitsamt zugehörigem Detektor kosten; ein Wettrennen um höchste Forscherlorbeeren, denn die anvisierte Entdeckung wird in Fachkreisen als überaus nobelpreiswürdig angesehen. Gerade die Japaner brennen darauf, mit ihrer B-Fabrik die Theorie ihrer Landsleute zu verifizieren und gleichzeitig den US-Kollegen ein Schnippchen zu schlagen. »Eine der wichtigsten Eigenschaften unserer Maschine ist die extrem hohe Dichte der Elektronen- und Positronenstrahlen«, so Beschleunigerchef Shin-ichi Kurokawa nicht ohne Stolz. »Sie ist fünf Mal so groß wie bei den derzeit besten Maschinen.«

Vielleicht wird das Rätsel der verschwundenen Antimaterie aber auch in Hamburg gelöst: In einer von insgesamt vier unterirdischen Experimentierhallen der HERA-Ringschleuder hat ein internationales Forscherteam »HERA-B« aufgebaut, einen mit 37 Millionen Mark vergleichsweise preiswerten Versuch. Er funktioniert nach einem anderen Prinzip als die B-Fabriken. Anstatt Positronen und Elektronen frontal aufeinanderzuschießen, jagt HERA wesentlich massivere Wasserstoffkerne durch eine spezielle Experimentierkammer. Diese erinnert an eine überdimensionale Coladose, aus der ein Strohhalm ragt. Quer durch die Kammer sind hauchdünne Metallstreifen gespannt. Sie dienen den nahezu lichtschnellen Protonen als Zielscheibe. Trifft ein Wasserstoffkern mit voller Wucht auf einen der Metallstreifen, entstehen regelrechte Schauer aus kurzlebigen Teilchen, unter ihnen auch die gesuchten B-Mesonen.

Ein zwanzig Meter langer Nachweisdetektor hinter der Kammer soll zeigen, ob sich beim Zerfall der B-Teilchen die CP-Verletzung offenbart – und damit der gesuchte Unterschied zwischen Materie und Antimaterie. Der Nachteil dieser Methode: HERA-B benötigt einen technologisch aufwendigen Detektor und arbeitet aufgrund des Meßprinzips weniger präzise als die Konkurrenz in Übersee. Trotzdem hoffen die DESYaner auf spektakuläre Meßdaten und allerhöchste Forscherlorbeeren. Der Vorteil der Deutschen: »Im Gegensatz zu den Experimenten in Japan und den USA mußten wir keinen neuen Beschleuniger konstruieren«, sagt DESY-Physiker Joachim Spengler. »Dadurch haben wir gegenüber der Konkurrenz einen Vorsprung.«

Andere Wissenschaftler wollen dem Rätsel der Antimaterie mit ganz anderen Mitteln auf die Spur kommen. Sie setzen auf die Erzeugung kompletter Antiatome. Die nämlich könnte man mit Laser-Präzisionsmethoden untersuchen und so mit ihren Materie-Zwillingen vergleichen. Kleine, aber feine Differenzen in den Meßdaten könnten den vermuteten Unterschied zwischen Materie und Antimaterie verraten.

Die ersten Schritte sind getan: 1995 konnte ein deutsch-italienisches Forscherteam am CERN in Genf erstmals Antiwasserstoff erzeugen – ein Gebilde mit einem negativ geladenen Antiproton als Kern und einem Positron als Hülle. Mit einem Beschleuniger feuerten die Physiker herkömmliche Protonen auf einen Kupferblock. Bei diesem subatomaren Scheibenschießen entstanden unter anderem schnelle Antiwasserstoffkerne. Um diesen ein Positron »überstreifen« zu können, stellten ihnen die Physiker eine Zielscheibe aus Xenongas in den Weg. Kam eines der Antiprotonen genügend dicht an einem Xenonkern vorbei, konnte sich dabei quasi aus dem Nichts ein Teilchenpaar bilden: ein Elektron und das gewünschte Positron.

Damit waren zwar die Ingredenzien für ein Antiwasserstoffatom auf engstem Raume vereint. Aber die ersehnte »Hochzeit« zwischen Antiproton und Positron kam nur äußerst selten zustande. Die Physiker mußten Abermilliarden von Antiprotonen auf ihre Zielscheibe schießen, um am Ende gerade mal ein knappes Dutzend Antiwasserstoffatome in

Händen zu haben. Jedes der insgesamt elf Antiatome durfte nur den Wimpernschlag von dreißig Milliardstel Sekunden leben. Dann trafen sie auf Nachweisinstrumente, die Detektoren. Da diese aus normaler Materie bestanden, vernichteten sich Antiwasserstoffatome und »Detektoratome« gegenseitig. Ebendiese Vernichtungsstrahlung haben die Forscher beobachtet und daraus auf die Existenz des Antiwasserstoffs rückgeschlossen.

Am Ziel sind die CERN-Physiker damit noch nicht, denn um Antiwasserstoff in Ruhe untersuchen zu können, muß man ihn nicht nur erzeugen, sondern auch einfangen und in eine Falle einsperren. Diesem Unterfangen widmet sich ein neues CERN-Projekt – ein regelrechter »Entschleuniger«, ein 120 Meter umfassender Speicherring, der die Antiprotonen von Lichtgeschwindigkeit auf einige Kilometer pro Sekunde abbremst. Erst dann können die Antikerne in eine Spezialfalle gelockt werden. In dieser sorgen elektrische Felder für eine »Käfigwirkung«; zusätzlich verhindern blitzschnell schaltbare 50 000-Volt-Elektroschranken das Ausbrechen der Antiprotonen. Dann wollen die Physiker die eingekerkerten Antiprotonen mit einer Wolke aus Positronen in Berührung bringen. Die Hoffnung: Wenn sich beide Teilchenwolken überlappen, werden sich die Antiprotonen ihre Positronen schnappen, um sich zum Antiwasserstoff zu vereinigen. Dieser soll in einer Magnetfalle über Stunden gespeichert werden. Damit hätten die Physiker erstmals Antiatome erzeugt, die so langsam sind, daß man mit ihnen experimentieren und sie mit herkömmlichem Wasserstoff vergleichen kann.

Dieser Vergleich wird mit Hilfe von Lasern geschehen: Die Forscher wollen einen Laserstrahl auf das Antiatom schießen und beobachten, ob es darauf genauso reagiert wie ein normales Wasserstoffatom. Sollten sich winzige, aber meßbare Abweichungen herauskristallisieren, so wäre der für den Kosmos so wichtige Unterschied zwischen Materie und Antimaterie entlarvt. Mit aussagekräftigen Ergebnissen ist allerdings erst im neuen Jahrtausend zu rechnen.

Doch was, wenn keines der derzeitigen Experimente die erwartete Symmetrieverletzung findet? Dann wäre die japanische Theorie gescheitert, und das Standardmodell geriete ernsthaft ins Wanken. Die Wissenschaftler müßten sich mit dem Gedanken anfreunden, daß es noch weitere Teilchen und Kräfte neben den bisher bekannten gibt, durch die erst die kosmische Dominanz der Materie zu erklären ist.

Noch drastischer wären die Konsequenzen, wenn ein Forscherteam unter der Leitung von US-Physiker Samuel Ting recht behält: Der Nobelpreisträger von 1976 will auf der Internationalen Raumstation einen Detektor installieren, der unter anderem nach der vermeintlich verschwundenen Antimaterie fahndet. Insbesondere suchen Ting und seine Kollegen nach Antikohlenstoff. Sollte dieser im Space-Detektor tatsächlich seine Fingerabdrücke hinterlassen, so könnte man vermuten, daß er von einem Antistern stammt. Eine Entdeckung, die Ting einen zweiten Nobelpreis einbringen und einer Außenseiterhypothese den Rücken stärken würde: Die Antimaterie ist gar nicht verschwunden, sondern fristet ihr Dasein in fernen Winkeln des Universums, fein säuberlich von der Materie getrennt. Wie jedoch ein Kosmos, der sich aus Teilen und »Antiteilen« zusammensetzt, entstanden sein könnte – darüber gibt es heute nur vage Spekulationen.

Vielleicht aber könnten sich in abgelegenen Provinzen des Kosmos sogar Antilebewesen entwickelt haben. Die Aufnahme diplomatischer Beziehungen hätte jedoch fatale Folgen: Bereits ein erstes höfliches Händeschütteln würde die Gesandtschaften beider Seiten mitsamt der weiteren Umgebung in Stücke reißen. Ein Trost bleibt: Wenigstens Funksignale könnten die Parteien austauschen – die vermögen glücklicherweise keine Antiwirkung zu entfalten.

Wieviel wiegt ein Neutrino?

Sommerfest in der Villa Rockefeller: Man berauscht sich an den unwahrscheinlichen Farben des Feuerwerks, lauscht dem furiosen Crescendo eines Sinfonieorchesters, läßt sich gleichzeitig das Festmenü eines Sternekochs auf der Zunge zergehen, Gerüche wie aus Tausendundeiner Nacht bringen die Nasenschleimhäute in haltlose Verzückung. Und dann ist da noch etwas: ein zarter Lufthauch, der – eigentlich unterhalb jeglicher Reizschwelle – über die Härchen des Handrückens streicht.

Feuerwerk, Orchesterdonner, Festessen und Geruchsorgie: Sie entsprechen den Quarks und den Elektronen. Der kaum wahrnehmbare Luftzug hingegen ist das Neutrino. Während Quarks und Elektronen auf geradezu opulente Weise miteinander wechselwirken und in turbulenten Szenen das Treiben im Mikrokosmos dominieren, halten sich die Neutrinos meistens heraus. Die blassen, schemenhaften Geister treten ausgesprochen selten mit dem Rest der Welt in Verbindung.

Schon die Geschichte des Geisterteilchens mutet merkwürdig an. 1930 versuchte der berühmte Physiker Wolfgang Pauli den radioaktiven »Betazerfall« des Atomkerns theoretisch zu erklären. Bei dieser Zerfallsart wandelt sich beispielsweise ein Neutron in ein Proton und ein Elektron um. Bei seinen Überlegungen kam der spätere Nobelpreisträger zu einem verwirrenden Schluß: Der Betazerfall läßt sich nur dann verstehen, wenn bei diesem Zerfall noch ein drittes, bis dahin völlig unbekanntes Teilchen entsteht.

Pauli war über seine geistige Errungenschaft alles andere als glücklich: »Heute habe ich etwas getan, was man in der theoretischen Physik nie tun darf. Ich habe etwas, was nicht verstanden ist, durch etwas erklärt, was man nicht beobachten kann!«

Das ungeliebte, aber theoretisch offensichtlich notwendige Teilchen erhielt einen gleichsam prägnanten wie passenden Namen: Neutrino. An dessen reale Existenz wollte Pauli allerdings nicht so recht glauben. Er empfahl eine einstweilige Verdrängung der Angelegenheit: »Am besten, man macht es wie mit der Steuer – gar nicht daran denken!« Der Paulische Pessimismus lag in den seltsamen Eigenschaften begründet, die dieses Teilchen haben sollte: Es besitzt keinerlei elektrische Ladung, ebensowenig reagiert es auf die Farbladung der Quarks. Es ist entweder extrem leicht oder aber ganz und gar masselos. Es kann sich mit seiner Umwelt nur über einen einzigen »Kanal« verständigen: die schwache Kraft. Und diese ist, wie der Name schon sagt, ausgesprochen mickrig und von extrem kurzer Reichweite. Die Folge dieser Eigenschaften: Neutrinos können wie schemenhafte Geister alles durchdringen, was sich ihnen in den Weg stellt. Mehr als 120 Milliarden lichtschnelle Neutrinos rasen in jeder Sekunde durch jeden Quadratzentimeter der Erdoberfläche – doch kaum eines bleibt in unserem Planeten hängen. Obwohl Neutrinos die häufigsten Materieteilchen im Universum sind, scheinen sie im Schauspiel des Mikrokosmos nur eine Nebenrolle auszufüllen.

Dennoch wurde das Neutrino 1953 fast wider alle Erwartung nachgewiesen, als man mit den neuen Kernreaktoren erstmals »Fabriken« für intensive Neutrinostrahlen hatte. Diese 1995 mit dem Physiknobelpreis geadelte Entdeckung gestaltete sich allerdings als reiner Indizienbeweis. Die Forscher mußten den Neutrinos sehr viel Materie in den Weg stellen. Nur extrem selten schlug dabei ein Neutrino auf einen der Atomkerne auf und bewegte ihn zu einer Umwandlung. Aus den Spuren dieser Verwandlung schlossen die Teilchendetektive dann auf die Existenz des Neutrinos – und verfuhren damit im Prinzip wie Sherlock Holmes, der den Täter anhand von scheinbar unbedeutenden Indizien überführt.

Heute zeigen sich die Teilchenphysiker unverändert vom Neutrino fasziniert. Der Grund: Trotz seiner Fadenscheinigkeit könnte das seltsamste aller Teilchen eine entscheidende Rolle für das Schicksal unseres Universums spielen. Dessen Zukunft nämlich steht buchstäblich in den Sternen. Zwar dürfen die Kosmologen guten Gewissens davon ausgehen, daß das Weltall vor rund 15 Milliarden Jahren in einem gewaltigen Urknall entstanden ist und sich seitdem stetig aufbläht. Ob es aber bis in alle Ewigkeit expandiert oder eines fernen Tages wieder in sich zusammenfällt und in einem »Endknall«, einem umgekehrten Urknall, schließt – diese Frage ist derzeit völlig offen. Auch wenn die Aussicht auf ein implodierendes Weltall geradezu dramatisch anmutet: Für unser menschliches Leben wird es nicht die geringste Bedeutung haben. Denn sollte es eines Tages tatsächlich zum »Big Crunch« kommen, dürfte das wohl noch etwa 15 Milliarden Jahre dauern. Bis dahin aber wird unser Sonnensystem mitsamt der Erde sowieso schon längst von der Bildfläche verschwunden sein.

Ob ewige Expansion oder furioser Endknall: Die Experten werden erst dann über die Zukunft des Universums orakeln können, wenn sie seine Gesamtmasse kennen. Ist diese Masse relativ »klein«, so wird ihre Schwerkraft der kosmischen Expansion keinen Einhalt gebieten können. Sind Masse und Schwerkraft hingegen groß, so wird die Gravitation das Weltall irgendwann zusammenziehen und im Big Crunch enden lassen – so, wie die Erde einen aus der Bahn geratenen Satelliten anzieht und unweigerlich zum Absturz bringt.

Halten ominöse Geisterteilchen das Weltall zusammen?

Die Schwierigkeit: Das »Wiegen« des Universums ist mit großen Schwierigkeiten verbunden. Einfaches Abzählen sämtlicher Sterne genügt nicht, denn rund neunzig Prozent der im Kosmos vorhandenen Materie sind nicht zu sehen, da sie im Gegensatz zu den Sternen nicht leuchten. Zu dieser »dunklen Materie« zählen die Braunen Zwerge, Himmelskörper, die zum Entfachen des nuklearen Sternenfeuers schlicht und einfach zu klein sind. Auch Schwarze Löcher, jene alles verschlingenden Gravitationsmonster, sind und bleiben dunkel. Wie viele Braune Zwerge und Schwarze Löcher im Weltall verteilt sind, können die Forscher nur schätzen. Derzeit sieht es so aus, als würde die kosmische Gesamtmasse gerade in der Nähe eines kritischen Wertes liegen, der die Weiterexpansion von der Umkehr trennt. Lax gesprochen: Das Universum scheint sich nicht so recht entscheiden zu können, ob es sich in Zukunft immer weiter aufblasen oder aber zu einem winzigen Energieball zusammenziehen will. Ein relativ kleines Quentchen an Masse mehr oder weniger, und das Weltall »kippt« zur einen oder zur anderen Seite – wie der Bergsteiger auf dem Grat. Bei ihm genügt bekanntlich schon ein kleiner Fehltritt, um ihn entweder nach rechts oder aber nach links abstürzen zu lassen.

An dieser Stelle treten die Neutrinos auf den Plan: Sollten sie eine Masse haben, würden auch sie zur dunklen Materie zählen und könnten für das Schicksal des Universums das Zünglein an der Waage spielen. In diesem Fall könnten Neutrinos als kosmischer Klebstoff fungieren, der das Weltall zusammenhält, wenn nicht eines Tages gar zusammenzieht. Sind Neutrinos hingegen vollkommen masselos wie auch die Photonen, so steigt die Chance eines ewig expandierenden Kosmos.

Eines jedenfalls weiß man schon heute: Falls Neutrinos eine Masse besitzen, muß sie unvorstellbar klein sein. Forscher der Universität Mainz konnten mit einer Art Neutrinowaage abschätzen, daß das Geisterteilchen höchstens ein Hunderttausendstel eines Elektrons wiegt. Dabei ist bereits das Elektron ein ausgesprochenes Leichtgewicht: Es bringt lediglich den Millionsten Teil eines Trilliardstel Gramms auf die Waage. Damit ist noch lange nicht bewiesen, daß das Neutrino tatsächlich ein perfekter »Luftikus«, ein ganz und gar masseloses Partikel ist. Um dem Masserätsel endlich auf die Spur zu kommen, haben sich die Physiker im Laufe der Jahre immer teurere und aufwendigere Experimente einfallen lassen.

Die Experten setzen unter anderem auf die Analyse von »solaren Neutrinos« – Teilchen, die bei der Kernverschmelzung im Herzen der Sonne entstehen. Dieser Aufgabe widmet sich das gigantische Experiment Gallex. Es wird in Italien durchgeführt, wo in einem Labor im Apennin beste Bedingungen für ein Neutrino-Experiment herrschen: Unter 1400 Metern Felsgestein liegen drei Höhlen, jede so lang und hoch wie die Abfahrtshalle des Frankfurter Hauptbahnhofs. Das Felsgestein schirmt die störende kosmische Strahlung weitgehend ab, läßt aber die extrem schwach wechselwirkenden Neutrinos nahezu widerstandslos passieren.

Um dennoch einige von ihnen fangen zu können, haben die Physiker eine Weltjahresproduktion von Gallium aufgeboten. Dreißig Tonnen des seltenen Metalls lagern als flüssiges Galliumchlorid in einem Tank mit der Größe eines Einfamilienhauses. Trotz dieser Mengen dauert es drei Wochen, bis sich wenigstens eine Handvoll der ungezählten Sonnenneutrinos im Gallium verfangen hat. Bei jedem Treffer entsteht ein radioaktives Germaniumatom, das zuverlässig aus 50 000 Litern Galliumchlorid herausgefiltert werden muß. Die Verdünnung des Germaniums in der Galliumchlorid-Suppe entspricht der eines einzigen Salzkorns, aufgelöst in sämtlichen Weltmeeren.

Wie gesagt: Die aufgefangenen Neutrinos entstehen bei der Kernfusion in der Sonne. Genau gesehen hat man es in unserem Mutterstern mit einer ganzen Kette von Verschmelzungsereignissen zu tun. Jeder dieser Prozesse entläßt Neutrinos einer ganz charakteristischen Energie. Für die Anzahl der jeweiligen Neutrinos gibt es detaillierte Berechnungen, die aber wurden von den Gallex-Daten nicht bestätigt. Stimmten Theorie und Experiment bei den relativ niederenergetischen Neutrinos noch überein, mußten die Forscher bei den höherenergetischen ein erhebliches Defizit feststellen: Es kamen viel weniger an als berechnet. Dieses »Defizit der Sonnenneutrinos« hatte sich erstmals in den siebziger Jahren im US-Experiment »Homestake« gezeigt und konnte mittlerweile von Gallex und anderen Experimenten bestätigt werden.

Wo aber sind die fehlenden Neutrinos geblieben? Haben die Theoretiker falsche Vorstellungen von den Vorgängen im Inneren der Sonne? Es gibt einen plausibleren Vorschlag. Er geht von der Tatsache aus, daß es nicht nur eine einzige Neutrinosorte gibt, sonderen deren gleich drei: Neben dem herkömmlichen Elektron-Neutrino existieren auch »Myon«- und »Tau«-Neutrinos. Jedes dieser Neutrinos gehört einer anderen Teilchenfamilie an – ebenso wie es drei Familien von Elektronen und drei Familien von Quarks gibt. Die womöglich entscheidende Idee lautet nun: Die verschiedenen Neutrinosorten können sich ineinander umwandeln. Keine so abwegige Annahme, schließlich – so glauben die Physiker heute – ändern ja auch die Quarks zuweilen ihre Familienzugehörigkeit. Warum also sollen nicht auch die Neutrinos zu derartigen Verwandlungskünsten in der Lage sein? Für das Gallex-Experiment hieße das, die von der Sonne abgestrahlten Elektron-Neutrinos könnten auf ihrem langen Weg zur Erde den Typ wechseln und sich in Myon- oder Tau-Neutrinos verwandeln. Diese allerdings gehen dem Gallex-Detektor schlicht und einfach durch die Lappen; schließlich wurde er für den Nachweis von Elektron-Neutrinos gebaut. Auf dem »Myon-« bzw. dem »Tau-Auge« ist er völlig blind.

Für all diejenigen, die nach einer Masse des Neutrinos suchen, wären derartige Verwandlungskünste ein Segen. Denn die Neutrino-Oszillation, wie das Hin- und Herspringen zwischen den verschiedenen Familien genannt wird, sollte die feinstmögliche Waage für Neutrinomassen überhaupt darstellen. Schenkt man nämlich den grundlegenden theoretischen Annahmen der Physik Glauben, so können sich nur Teilchen mit Masse verwandeln. Und sie sollten es um so schneller tun, je größer der Massenunterschied zwischen den beteiligten Teilchen ist. Kurz gesagt: Können Neutrinos im Fluge spontan ihre Familienzugehörigkeit wechseln, so müssen sie eine Masse haben.

Dieses Credo vor Augen haben Physiker überall auf der Welt aufwendige Experimente aufgebaut, um diesen Neutrino-Oszillationen auf die Schliche zu kommen. Der gewaltigste aller Versuchsaufbauten steckt in einer ehemaligen Zinkmine mitten in den japanischen Alpen – und hat im Sommer 1998 stichhaltige Beweise für die Existenz einer Neutrinomasse entdeckt. Superkamiokande ist ein vierzig Meter hoher wie breiter Tank von der Form einer Konservendose. In seinem Inneren warten fünfzig Millionen Liter hochreines Wasser darauf, daß sich ein Neutrino in ihnen verfängt, indem es mit einem der Sauerstoffkerne im Wasser reagiert. Bei dieser Reaktion entstehen hochenergetische Partikel, die auf ihrem Weg durchs Wasser einen schwachen Lichtblitz erzeugen. Ebendiesen Lichtblitz können die Forscher mit »Photoröhren« beobachten, mit denen die Innenwände des Tanks gespickt sind. Insgesamt lauern 11 200 bildröhrenartige, hochempfindliche Elektronikaugen auf das schwache, blaue Leuchten.

Zwar ist »SuperK«, wie die Forscher ihren Wassertank kurz nennen, durch seine unterirdische Lage weitgehend gegen Störsignale wie die Ausläufer der kosmischen Strahlung abgeschirmt. Dennoch kann neben den geisterhaften Neutrinos eine weitere Teilchensorte das Felsgestein durchdringen, die Myonen. Sie sorgen auf dem Flachbildschirm im Kontrollraum für eine buntes, elektronisches Geflacker im Sekundentakt. Neutrinos hingegen verraten sich durch ein schwaches, ringförmiges Muster auf dem Schirm. Von diesen registrieren die Physiker pro Tag gerade mal runde vierzig.

Unter anderem haben es die Forscher auf den Nachweis sogenannter atmosphärischer Neutrinos abgesehen. Diese entstehen in der Erdatmosphäre unter dem Bombardement mit kosmischer Strahlung. Nachdem die Japaner zwei Jahre lang Meßdaten genommen hatten, stießen sie auf das entscheidende Indiz: Von unten kamen im Detektor deutlich weniger Neutrinos an als von oben. Die Interpretation: Die direkt von oben kommenden Myon-Neutrinos fliegen nach ihrer Entstehung in der Atmosphäre nur einige wenige Kilometer, bevor sie den Wassertank erreichen – anscheinend zu wenig, um sich in Tau-Neutrinos umzuwandeln. Die von unten jedoch entstehen auf der anderen Seite des Globus und müssen zwölftausend Kilometer quer durch die Erde fliegen – anscheinend genug Weg zur Umwandlung. Die Schlußfolgerung: Neutrinos oszillieren und besitzen eine Masse.

Wieviel das Geisterteilchen genau wiegt, wissen die Forscher jedoch noch nicht. Superkamiokande konnte lediglich den Massenunterschied zwischen zwei Neutrinosorten abschätzen. Demnach ist das Tau-Neutrino zwischen einem Dreißigstel und einem Zehntel Elektronenvolt schwerer als das Myon-Neutrino – ein Wert, der rund zehnmillionenmal kleiner ist als die Masse eines Elektrons. Als Belohnung für diese Entdeckung rechnet die Fachwelt im übrigen mit allerhöchsten Forscherlorbeeren – der Verleihung des Nobelpreises für Physik. Für die Japaner wäre die Einladung nach Stockholm ein Triumph. Mit einem Schlag würden sie aus dem Schatten der amerikanischen und europäischen Teilchenphysiker treten.

Den Nobelpreis würde sich auch gerne ein Physikerteam aus Los Alamos in New Mexico abholen. Es will bereits 1995 beobachtet haben, wie an seinem Beschleuniger aus einem Myon-Neutrino ein Elektron-Neutrino wurde. Immerhin schaffte es diese Meldung damals bis auf die Titelseite der ›New York Times‹, denn sie schien der lang gesuchte Beweis für eine Masse des Neutrinos zu sein. Doch die meisten Experten können die Euphorie nicht teilen. Sie trauen der vermeintlichen Entdeckung nicht so recht. Schließlich habe man es nur mit einer Handvoll von Signalen zu tun, und es sei eine Auslegungsfrage, ob diese Signale zweifelsfrei auf die gesuchten Neutrinos schließen lassen. Auch die Messungen eines »Zwillingsexperiments« in der Nähe des britischen Oxford scheinen gegen die Behauptung aus Los Alamos zu sprechen: Bislang hat KARMEN noch keine Anzeichen für irgendwelche Neutrino-Metamorphosen gefunden, so daß es für die US-Forscher eher nach der »Goldenen Zitrone« für einen der größten Physikflops der letzten Jahre aussieht als nach dem erhofften Nobelpreis.

Die Ergebnisse von Superkamiokande hingegen stießen fast überall auf Begeisterung, gelten in Fachkreisen als überzeugender Beweis für eine Neutrinomasse. Für das naturwissenschaftliche Weltbild dürfte die japanische Entdeckung weitreichende Folgen haben. Insbesondere wissen die Kosmologen nun, daß die Neutrinos definitiv zur dunklen Materie zählen. Das Problem: Die Superkamiokande-Daten lassen einen erheblichen Interpretationsspielraum zu. Ihnen zufolge könnte der Neutrinoanteil an der Weltallmasse durchaus bis zu zwanzig Prozent betragen, wäre also relativ groß. Genausogut aber könnten die Neutrinos lediglich ein Prozent der dunklen Materie ausmachen, also nur sehr wenig.

Manch ein Experte hält den Anteil der Neutrinos an der Weltallmasse nach Bekanntgabe der jüngsten Daten eher für gering. Die Vermutung: Daß der Massenunterschied zwischen zwei Neutrinosorten laut den Superkamiokande-Messungen relativ klein ist, läßt auch auf eine kleine Absolutmasse schließen. Demnach würden Neutrinos für die Zukunft des Weltalls nur eine untergeordnete Rolle spielen. Das Resümee: Die Frage, ob sich unser Universum bis in alle Ewigkeit ausdehnt oder ob es irgendwann wieder in sich zusammenstürzt und in einem Big Crunch endet, muß trotz der japanischen Erfolgsmeldung vorerst unbeantwortet bleiben.

Ebenso unklar ist, wie stark sich die Neutrinomasse auf die Teilchenphysik auswirkt. So sehen einige Theoretiker darin den ersten handfesten Hinweis auf Phänome, die den Rahmen des derzeitigen physikalischen Weltbildes sprengen. So würden die Meßwerte nahelegen, daß sich die vier Naturkräfte tatsächlich vereinheitlichen und auf eine Art Urkraft zurückführen lassen. Andere Theoretiker hingegen sehen die Superkamiokande-Daten in einem weniger dramatischen Licht. Sie glauben, daß sich eine Neutrinomasse mittels kleinerer Korrekturen sehr wohl in das Standardmodell einbeziehen ließe, daß man also keine »neue Physik« erfinden muß. Die Experten wären schlauer, könnten sie nicht nur eine Massendifferenz, sondern einen möglichst präzisen Absolutwert der Neutrinomasse in Erfahrung bringen. Mit diesem ließen sich dann die Modelle vom fundamentalen Aufbau der Materie überprüfen und gegebenenfalls weiterentwickeln.

Auf einen solchen Absolutwert wird man wohl noch geraume Zeit warten müssen. Auch die kommende Generation an Neutrino-Experimenten wird noch keinen solchen Wert liefern können. Statt dessen sollen die neuen Versuche die Superkamiokande-Daten bestätigen und präzisieren. So warten die Physiker mit großer Spannung auf die Ergebnisse des »Sudbury Neutrino Observatorium« SNO in Kanada. Es mißt erstmals alle solaren Neutrinotypen gleichzeitig – nicht nur die Elektron-Neutrinos wie Gallex in Italien, sondern auch die Myon- und Tau-Neutrinos. Sollten sich die von der Sonne abgestrahlten Elektron-Neutrinos auf ihrem Weg verwandeln, so wird das von Gallex beobachtete Defizit an Elektron-Neutrinos im kanadischen SNO-Detektor in Form von Myon- oder Tau-Neutrinos wieder auftauchen – ein weiterer Beweis, daß Neutrinos eine Masse haben.

Bei den »Long-Baseline«-Experimenten hingegen werden die Forscher nicht die in der Erdatmosphäre oder der Sonne entstehenden Neutrinos auffangen und analysieren, sondern künstliche Neutrinostrahlen auf ihre Detektoren richten. Der erste Versuch beginnt bereits Anfang 1999 in Japan: In Tsukuba nordöstlich von Tokio werden die Forscher per Beschleuniger einen Myon-Neutrinostrahl herstellen und auf Superkamiokande richten. Die Flugstrecke beträgt beachtliche 230 Kilometer. Bei späteren Versuchen in Europa (von Genf in den italienischen Apennin) und den USA (von Chicago in die »Soudan«-Mine in Minnesota) sollen die Geisterteilchen sogar mehr als siebenhundert Kilometer zurücklegen. Der Grund für diese Marathonausflüge: Je kleiner der Massenunterschied zwischen zwei Neutrinosorten ist, desto größer muß die »Oszillationslänge« der Teilchen sein, desto längere Strecken benötigen die Partikel für ihre Verwandlung.

Aus diesem Grund ist es durchaus möglich, daß auch eine Strecke von siebenhundert Kilometern den Neutrinos nicht zur Metamorphose ausreicht. In diesem Fall würden einige »Neutrinofreaks« eines fernen Tages gerne in die Fußstapfen von Jules Verne treten und ihren Neutrinostrahl von Genf aus auf eine »Reise zum Mittelpunkt der Erde« schicken. Am anderen Ende des Globus, in Japan, könnte Superkamiokande diesen Neutrinostrahl auffangen und vermessen. Wie aber der Strahl nach einer rund zwölftausend Kilometer langen Rennstrecke sein Ziel erreichen soll, ist noch unklar. Zwar läßt sich mit einem Neutrinostrahl im Prinzip jede beliebige Entfernung überbrücken, und auch die dazwischenliegende Erde bildet kein ernsthaftes Hindernis. Die Frage ist nur, ob man den Neutrinostrahl mit der heutigen Technik auch gut genug bündeln kann. Wenn nicht, dürfte der Strahl nach einer Flugstrecke von zwölftausend Kilometern ziemlich ausgefranst sein, wie sich ja auch der Lichtkegel einer Taschenlampe mit wachsender Entfernung immer weiter öffnet. In diesem Fall kämen am japanischen Detektor viel zu wenige Neutrinos an, um sie vernünftig analysieren zu können – ein Problem, an dem die Forscher noch zu basteln haben.

Wo steckt das Higgs? – Die Wurzeln der Masse

Die Jagd nach der Neutrinomasse, das Geheimnis der Antimaterie – beides zählt zu den augenblicklich spannendsten Rätseln der Teilchenphysik. Um sie zu lösen, bauen Physiker überall auf der Welt riesige Apparate und lösen dafür Schecks in dreistelligen Millionenhöhen ein. Gegenüber dem ehrgeizigsten Projekt der Physik sind das jedoch nur »Peanuts«: Am CERN, dem Europäischen Laboratorium für Teilchenphysik in Genf, entsteht zur Zeit die bislang größte und teuerste Wissenschaftsmaschine der Menschheitsgeschichte. Auf einem Umfang von 27 Kilometern soll der »Large Hadron Collider« (LHC) Wasserstoffkerne auf unerhörte Energien bringen und anschließend frontal aufeinanderfeuern. Mit Brachialgewalt soll der Gigant den Experten einen deutlich tieferen Blick in den Mikrokosmos gewähren, als das heute möglich ist. Den Teilchenjägern ist das Projekt Unsummen wert: Die Baukosten werden alles in allem auf sechs Milliarden Mark veranschlagt, gestreckt über einen Zeitraum von zehn Jahren.

Die Milliarden sollen vor allem eines ans Licht der physikinteressierten Öffentlichkeit bringen: das Higgs-Teilchen. Zwar stellt das bislang hypothetische Partikel keinen neuen, fundamentalen Materiebaustein dar. Aber es soll als beweiskräftiger Stellvertreter für ein grundlegendes physikalisches

Phänomen fungieren – das Higgs-Feld. Dieses Feld spielt im Standardmodell, dem heutigen Weltbild der Physik, wie schon erwähnt eine Schlüsselrolle: Es soll dafür verantwortlich sein, daß die Teilchen dieser Welt überhaupt eine Masse haben. Die Idee eines solchen massenspendenden Phänomens geht auf den britischen Physiker Peter Higgs zurück. Er postuliert ein merkwürdiges Feld, das dem Kosmos wie ein allgegenwärtiger Teppich zugrunde liegt. Das Entscheidende: Dieses Higgs-Feld erlaubt es den Teilchen, etwas eigentlich völlig Absurdes zu tun, sie können das Vakuum »anzapfen«. Diese Vorstellung überrascht; eigentlich sollte ein Vakuum per definitionem völlig leer sein. In den Augen der Theoretiker ist es jedoch alles andere als ein reines Nichts. Es wimmelt nur so von winzigen »Quantenfluktuationen«, zudem steckt das Vakuum voller Energie. Ebendiese Vakuumenergie vermag ein Teilchen mittels des Higgs-Feldes anzuzapfen, worauf es sich dann mit Masse vollsaugen kann. Der englische Physiker David Miller verglich das Phänomen mit einer Cocktailparty der Konservativen Partei. Betritt eine berühmte Persönlichkeit wie Margaret Thatcher das Parkett, so findet sie sich sogleich von anderen, weniger hochrangigen Parteimitgliedern umringt. Mit ihrem Auftritt verleiht ihnen die eiserne Lady Bedeutung; erst durch ihre Anwesenheit gewinnen die Hinterbänkler an Gewicht. Die Thatcher spielt die Rolle des Higgs-Teilchens, das allen anderen Partikeln (dem schlichten Parteivolk also) Masse spendet.

Bislang ist dieser hübsche Cocktailparty-Effekt nichts als reine Spekulation. Bislang haben sich weder Higgs-Feld noch Higgs-Partikel (als das zum Feld gehörige Botenteilchen) in einem Beschleuniger blicken lassen. Die heutigen Anlagen sind einfach nicht leistungsfähig genug, ihre Kollisionsenergien reichen nicht aus, um das Higgs-Teilchen zu erzeugen. Damit ist zumindest klar, daß das Higgs weitaus schwergewichtiger sein muß als alle bislang entdeckten Teilchen. Um es endlich aufspüren zu können, bauen die Physiker den stärksten Beschleuniger ihrer Geschichte – den LHC in Genf. Kein leichtes Unterfangen: Die Teilchendetektive können sich keine Maschine zwecks Higgs-Entdeckung »maßschneidern«, denn sie wissen nicht, wo sie es zu suchen haben. Keine theoretische Formel kann heute Auskunft darüber erteilen, welche Masse das Higgs hat und wieviel Beschleunigungsenergie zu seiner Erzeugung nötig ist. Die Situation ähnelt dem Goldrausch am Klondike gegen Ende des letzten Jahrhunderts: Die Neuankömmlinge wußten, daß irgendwo in der Gegend die Nuggets nur so herumliegen mußten – aber keiner von ihnen kannte die genauen Stellen.

Dennoch sind sich die meisten Physiker sicher, mit dem LHC das »verflixte Higgs« endlich zu finden. Beim Bau ihres neuen Superbeschleunigers profitieren die CERN-Forscher von der bereits vorhandenen Infrastruktur. Vor allem bleibt ihnen eines erspart: Sie müssen keinen neuen Tunnel graben, sondern können das zukünftige Forschungsgerät in den schon vorhandenen LEP-Tunnel montieren – jenen unterirdischen, 27 Kilometer umfassenden »Fahrradschlauch« im französisch-schweizerischen Untergrund bei Genf. Bis zum Jahr 2000 schießt dort der LEP-Beschleuniger hochenergetische Elektronen auf ebenso hochenergetische Positronen. Doch die Tage der derzeitigen Rekordschleuder sind gezählt: Ende 2000 ist ihr Experimentierprogramm beendet, die Experten werden den Beschleuniger demontieren, um Platz für den Nachfolger zu schaffen.

Mit seinem Umfang von 27 Kilometern wird LHC zwar »nur« genauso groß wie sein Vorgänger LEP, aber deutlich kräftiger, aufwendiger und teurer. Der Unterschied: Anstatt leichter Elektronen wird LHC die rund zweitausend Mal schwereren Protonen auf Trab bringen. Die angestrebte Energie: sieben Billionen Elektronenvolt pro Strahl – rund zehn Mal soviel wie beim heutigen Protonen-Rekordhalter, dem

Tevatron-Beschleuniger am Fermilab in Chicago, und etwa das Siebzigfache der Elektronenenergie von LEP. Eine technologische Herausforderung der besonderen Art· bilden die Magneten, sie müssen die extrem energiereichen Protonenstrahlen auf ihrer Kreisbahn halten – ein »magnetischer Kraftakt«, den die Spezialisten nur mit supraleitenden Elektromagneten bewältigen können. Bei Temperaturen von etwa minus 270 Grad Celsius fließt in ihnen der elektrische Strom – wie schon bei HERA gesehen – ohne Widerstand. Damit können sie viermal so hohe Magnetfelder erzeugen wie vergleichbare Normalmagneten. Im ganzen wird die Maschine ungefähr 1600 Magneten enthalten. Aneinandergereiht würden sie eine Strecke von zwanzig Kilometern ergeben. Jeder Magnet ist in einen meterdicken und zehn Meter langen Tank eingepackt – eine überdimensionale, heliumgekühlte Thermosflasche. Die beiden eigentlichen Strahlrohre, in denen die Teilchen später kreisen sollen, liegen in der Mitte des Kühltanks und sind nicht dicker als ein menschlicher Arm.

Auch die Nachweisinstrumente des LHC-Beschleunigers dürften alles Dagewesene in den Schatten stellen. Die Detektoren namens CMS und ATLAS werden genau dort am Beschleuniger aufgebaut, wo die Protonen mit voller Wucht zusammenprallen. Sie stehen in hundert Metern Tiefe in riesigen, künstlichen Höhlen, ihre Dimensionen entsprechen einem Bürohaus, fünfzig Meter lang und sechs Stockwerke hoch. Beide Giganten sind mit verschiedensten Sensoren sowie einem unübersichtlichen Wust an Elektronik vollgestopft. Der Grund für den Aufwand: Den Detektoren soll keines der bei den Mikroexplosionen entstehenden Teilchen durch die Lappen gehen – eine unabdingbare Voraussetzung dafür, daß die Physiker mittels mühevoller Indizienbeweise auf die Existenz des Higgs-Teilchens schließen können.

Beiden Detektoren steht ein außergewöhnliches Pensum bevor. In jeder Nanosekunde (Milliardstel Sekunde) sollen im

LHC zwei Protonen mit voller Wucht zusammenprallen. Die Nachweisklötze müssen also pro Sekunde mit einer Milliarde Teilchenkollisionen fertig werden – zehn Mal mehr als die besten Detektoren der heutigen Generation. Erschwerend kommt hinzu, daß die Kollisionen von Wasserstoffkernen relativ schwierig zu analysieren sind. Der Grund: Im Gegensatz zu Elektronen-Positron-Zusammenstößen treffen hier keine punktförmigen Teilchen aufeinander, sondern komplizierte, weil aus kleineren Teilchen zusammengesetzte Gebilde. Schließlich ist jedes Proton aus drei Quarks aufgebaut, die zu allem Überfluß in einen See eingebettet sind, der unter anderem aus Gluonen (Klebeteilchen) besteht. Bei einer Frontalkollision zweier Wasserstoffkerne passieren folglich mehrere Einzelreaktionen zugleich. Der Teilchendetektor muß also mit einer enormen Datenfülle zurechtkommen, die Anforderungen an Auswerteelektronik und Computer sind extrem. Um einen der beiden Detektoren auszulesen, hat man in etwa eine Bandbreite zu verarbeiten, die sämtlichen Telefongesprächen auf der ganzen Welt entspricht. Alles in allem werden ATLAS und CMS täglich rund zehn Billiarden Teilchenspuren aufzeichnen. Der Löwenanteil aber ist für die Physiker völlig uninteressant, weil er auf altbekannte Phänomene zurückzuführen ist. Die Experten schätzen, daß von den zehn Billiarden Spuren ganze dreißig bis vierzig relevant sein und etwas Neues zutage fördern werden. Diese Handvoll aus dem Spurenwust zu isolieren, ist die eigentliche Herausforderung für die Detektoren. Auch aus den möglicherweise interessanten Datensätzen ließe sich das Higgs-Teilchen nicht direkt herauslesen, da es unmittelbar nach seiner Erzeugung wieder zerfällt. Nachweisbar wären jedoch seine Fingerabdrücke oder – wissenschaftlich ausgedrückt – seine charakteristischen Zerfallsprodukte.

Angesichts dieser Herausforderungen wundert es nicht, daß bei Planung und Konstruktion etwa des ATLAS-Detektors rund 1500 Forscher aus mehr als dreißig Ländern beteiligt sind – ein wahrhaft internationales »Big-Science«-Projekt. Seit einigen Jahren sind auch US-amerikanische Forscher ziemlich eng in das (eigentlich europäische) Unterfangen involviert. Eine ganze Weile lang hatten die US-Physiker zwar an einer eigenen »Higgs-Maschine« gebaut, dem Superconducting Supercollider (SSC). In Texas waren sogar schon die ersten Baugruben für den 87 Kilometer umfassenden Ring schon ausgehoben, aber 1993 wurde er zugunsten der Internationalen Raumstation aus dem US-Forschungsprogramm gekickt. Daraufhin zog es viele der nun projektlosen Amerikaner nach Genf, um sich mit den einstigen Konkurrenten zu verbrüdern und fortan beim europäische Unternehmen mitzumischen. Trotz dieser panatlantischen Allianz steht der Erfolg des LHC keineswegs fest. Niemand kann den Teilchenjägern garantieren, daß es das gesuchte Higgs wirklich gibt. Nicht alle Physiker glauben an den Higgs-Mechanismus, allerdings scheint keiner der Skeptiker mit einer ernsthaften Alternative aufwarten zu können. Falls sich das Higgs im neuen Genfer Superbeschleuniger tatsächlich nicht zeigt, hätte das für das heutige Weltbild der Physik fundamentale Folgen: Dann nämlich dürfte grundsätzlich etwas faul sein mit dem Standardmodell. Es hätten sich Brüche und Falten aufgetan, die mit etwas »Facelifting« wohl kaum zu beheben wären. Die Physiker müßten wohl oder übel zu neuen theoretischen Ufern aufbrechen.

SUSY und die Große Einheit

Die Jagd auf das Higgs-Teilchen gilt als das erklärte Hauptziel des kommenden Superbeschleunigers LHC. Denn sollten die Forscher dieses Gebilde tatsächlich aus dem Datenwust

der Detektoren herauspicken, so wäre die Higgs-Theorie zur
Entstehung der Teilchenmassen bewiesen – das letzte offene
Kapitel der Physikerbibel namens Standardmodell könnte als
vollendet angesehen werden. Mit anderen Worten: Existiert
das Higgs, so hätte das heutige Weltbild der Physik seine eindrucksvolle Bestätigung erfahren und wäre endgültig als das
derzeit verbindliche »Handbuch« der Teilchenphysik anzusehen.

Dennoch wären auch mit der erwarteten Higgs-Entdeckung die grundsätzlichen Mängel der Theorie nicht aus-
gebügelt: Das Standardmodell kann die vier Naturkräfte nur
ansatzweise in Verbindung bringen und muß – damit es funktioniert – mit mehr als zwanzig in aufwendigen Präzisionsex-
perimenten ermittelten Naturkonstanten »gefüttert« werden. Zudem basiert es auf einer verdächtig hohen Anzahl von
24 Fundamentalklötzchen und läßt die beiden Phänomene
»Materiebausteine« und »Kräfte« unverwandt nebeneinan-
derstehen.

Kein Wunder, daß die Theoretiker seit längerem Hypothesen entwickeln, die zum Teil weit über das Standardmodell
hinausgehen. Bislang sind diese Hypothesen rein spekulativ.
Aber sollten sich einige von ihnen bewahrheiten, so würden
sie eine bessere, dem heutigen Kenntnisstand übergeordnete
Theorie abgeben. Als die dem Standardmodell folgende Stu-
fe gilt vielerorts die Supersymmetrie. SUSY – so ihr Kose-
name, abgeleitet aus »Supersymmetrie« – soll Materie auf der
einen und Kräfte auf der anderen Seite in einen engen Zusammenhang bringen. In der heutigen Vorstellung unterscheiden sich Materieteilchen und Kräfteteilchen in einem
»Charaktermerkmal«, dem sogenannten Spin. Er gibt bild-
lich gesprochen den Eigendrall eines Partikels an: Während
der Spin bei den elementaren Materieteilchen den Wert 1/2
hat, ist er bei den Botenteilchen stets ganzzahlig und nimmt
den Wert 1 an. SUSY besagt in vereinfachter Form: Zu jedem

der fundamentalen Materieteilchen gibt es einen »Botenzwilling« – ein Partikel, das bis auf einen anderen Spin (und eine andere Masse) absolut identische Eigenschaften hat.

Das Problem: Wenn man sich die Liste der derzeit bekannten Materie- und Botenteilchen anschaut, so wird man vergebens nach supersymmetrischen Pärchen suchen. Die bis heute entdeckten Teilchen sind in ihren Eigenschaften schlicht zu unterschiedlich, um im Sinne von SUSY zusammenzupassen. Ist die Supersymmetrie also nichts als eine hübsche, aber brotlose Studierstubenkunst? Fast scheint es so, aber die »Supertheoretiker« sehen noch einen Ausweg: Man habe die supersymmetrischen Partner der heute bekannten Teilchen einfach noch nicht entdeckt, weil sie schlichtweg zu schwer seien. Demnach würde jenseits der Grenzen des Standardmodells eine Art Schattenkabinett existieren, bestehend aus lauter SUSY-Mitgliedern, die ihrer Eroberung in zukünftigen Teilchenbeschleunigern harren. Die hypothetischen Exoten haben bereits Namen, der Superpartner eines Quarks wäre ein »Squark«, der eines Elektrons ein »Selektron«. Zum Photon würde das »Photino« passen und zum Gluon das »Gluino«.

Diese Partikel-Postulierwut mag auf den ersten Blick als Rolle rückwärts erscheinen. Schließlich würde SUSY die Anzahl der elementaren Materiebausteine und Kräfteträger auf einen Schlag verdoppeln. Anstatt klarer und einfacher erschiene das Bild der Physik mit einem Mal komplexer und undurchsichtiger. Dennoch würden viele Theoretiker diese plötzliche Teilchenverdoppelung liebend gerne in Kauf nehmen. Denn wenn SUSY sich tatsächlich in einem Experiment bestätigt findet, wären damit die beiden heute völlig separaten Phänome »Materie« und »Kräfte« unter ein einheitliches mathematisches Dach gebracht: Kräfte und Teilchen dürften auf eine gemeinsame Wurzel zurückgehen, dürften einen Ursprung haben. Damit – und auch aus weiteren, abstrakteren

Gründen – würde das Theoriegebäude der Physik deutlich symmetrischer, geordneter und mathematisch schöner – supersymmetrisch eben. Auch den Kosmologen käme die Existenz bestimmter SUSY-Teilchen durchaus gelegen. Diese nämlich könnten, ähnlich wie die Neutrinos, einen Teil der heißgesuchten dunklen Materie ausmachen.

Was nun die Forscher an dieser Hypothese besonders fasziniert: Der LHC in Genf könnte ab dem Jahre 2005 durchaus auf SUSY-Teilchen stoßen – wenn es sie denn gibt. Ihre Entdeckung wäre für viele Physiker noch aufregender als das Aufspüren von Higgs. Würde letzteres »nur« das derzeitige Standardmodell abrunden, könnten SUSY-Spuren weitaus tiefer hinter die Kulissen einer neuen Physik blicken lassen, für die meisten Theoretiker nämlich wäre SUSY ein Hinweis auf die Gültigkeit eines noch umfassenderen Regelwerks der Physik, der »Großen Vereinheitlichten Theorie«.

Von diesem Phantom träumen die Physiker schon lange: Eine Vereinheitlichte Theorie wäre in der Lage, drei der vier Naturkräfte auf einen Nenner zu bringen und auf eine gemeinsame Wurzel zurückzuführen. Zwar gelten die elektromagnetische und die schwache Kraft bereits heute als weitgehend verschmolzen. Die Große Vereinheitlichte Theorie würde zu diesem Duo noch die zwischen den Quarks herrschende starke Kraft hinzufügen – und auf diese Weise eine Art Überkraft schaffen. Mit diesem Coup wären gleichzeitig auch die beiden sorgsam getrennten Teilchensorten Leptonen und Quarks unter einen Hut gebracht. Gemäß der Großen Vereinheitlichten Theorie wären sie keine völlig verschiedenartigen Partikel, sondern würden zwei Spielarten von ein und derselben »Urteilchensorte« darstellen – so, wie Eis und Schnee zwei verschiedene Aspekte von gefrorenem Wasser sind.

Einen (wenn auch sehr vagen) Hinweis auf die Gültigkeit einer solchen Großen Einheit haben die Physiker bereits in den Händen: Je größer und leistungsstärker die Beschleuniger wurden, mit denen sie den Mikrokosmos untersuchten, desto stärker schienen sich die Eigenschaften der drei Kräfte anzunähern. Hochgerechnet bedeutet dies: Könnten die Physiker einen Mega-Beschleuniger bauen, der Teilchen von gigantischer Energie aufeinanderfeuert, so würden sich elektromagnetische, schwache und starke Kraft immer ähnlicher, bis sie sich bei einer bestimmten Energie sogar vereinigen und zu einer Überkraft verschmelzen würden. Dann würde die Welt von nur zwei Naturkräften zusammengehalten und nicht von vier, wie es das Standardmodell heute annimmt. Allerdings dürfte solch ein »Vereinigungsbeschleuniger« bis in alle Ewigkeit ein Gedankenspielzeug bleiben: Seine Energie müßte rund eine Billion mal höher sein als die der heutigen Maschinen! Aus diesem Grund hofft mancher Forscher, die große Kräftehochzeit könnte ihre Visitenkarte ganz woanders abgeben: Stimmt das Modell der Vereinheitlichung, so müßte den Berechnungen zufolge hin und wieder ein Teilchen zerfallen, das ansonsten als völlig stabil gilt – der Wasserstoffkern. Auf diesen Protonenzerfall lauern gleich mehrere Versuchsanlagen auf der Welt, etwa der japanische Wassertank Superkamiokande. Aber Erfolgsmeldungen sind bislang ausgeblieben. Nach wie vor dürfen die Physiker von einer Großen Vereinheitlichten Theorie zwar träumen, sie aber nicht in den Almanach der gesicherten Erkenntnisse aufnehmen.

Die derzeitige Lage der Teilchenphysik darf als zwiegespalten angesehen werden. Einerseits sind die Forscher froh, mit dem Standardmodell eine Theoriesammlung mit »Hand und Fuß« auf den Schreibtischen liegen zu haben, die hervorragend mit den allermeisten Versuchsdaten übereinstimmt. Andererseits wünschen sie sich Meßdaten, die die Grenzen des gesicherten Wissens sprengen und entscheidende Hinweise auf eine übergeordnete Theorie geben. Derartige Risse im derzeitigen Theoriegebäude scheinen sich bereits abzuzeichnen, die Experten haben nur noch nicht herausgefunden, ob diese Risse tief durchs Mauerwerk verlaufen oder lediglich den Putz verunzieren.

Die momentan deutlichsten Kratzer in der »Theoriewand« stammen von HERA in Hamburg, jenen Beschleuniger, der wahlweise Elektronen oder Positronen auf Wasserstoffkerne schießt. 1997 registrierten die Hamburger eine Handvoll Meßwerte, die womöglich nicht mehr per Standardmodell zu erklären sind, sondern auf neue Materieteilchen oder bislang unbekannte Naturkräfte hindeuten. In den Augen der Experten wäre dies eine physikalische Revolution. Das Problem ist, daß die Daten bislang nicht stichhaltig genug sind, um die Sensation dingfest zu machen. Die Physiker sehen sich auf weitere Experimente angewiesen.

Was war in Hamburg passiert? Die HERA-Forscher hatten eine ganz bestimmte Art von Prozessen registriert, sogenannte »tief inelastische Streuprozesse«. Dabei fliegt das Positron nach dem Stoß mit dem Wasserstoffkern rückwärts zurück und bekommt einen enormen Schwung mit auf den Weg. Zwar hatten die Physiker durchaus mit diesen Ereignissen gerechnet – aber längst nicht in dem festgestellten Ausmaß. Im Laufe von zwei Jahren waren statt der erwarteten ein bis zwei gleich elf der tief inelastischen Ereignisse ins Netz gegangen.

Allerdings reicht dieses knappe Dutzend an Querschlägern noch nicht aus, um die Ursache des Phänomens herauszufinden. Die Forscher sind auf Spekulationen angewiesen. Nach den ersten Messungen spielten sie mit dem Gedanken, womöglich auf ein neues exotisches Teilchen gestoßen zu sein. Manche dachten an ein SUSY-Teilchen, andere an das sogenannte »Lepto-Quark«. Dieses ist ein Zwitter aus Elektron und Quark, jenen nach heutigem Wissen grundlegenden Bausteinen der Materie. Gemäß dem Standardmodell dürfte es den seltsamen Mischzustand gar nicht geben, sollte er dennoch existieren, müßte das Modell gründlich überarbeitet werden.

Mittlerweile aber legen die Meßdaten nahe, daß HERA kein neues Teilchen entdeckt hat. Denkbar ist noch, daß es die Forscher womöglich mit einer neuen, unbekannten Naturkraft zu tun haben. Diese würde im Gegensatz zur Schwerkraft oder zur elektrischen Kraft ausschließlich zwischen Elementarteilchen wirken. Eine weitere Alternative steht ebenfalls noch zur Debatte: Demnach hätten die Physiker entdeckt, daß die Quarks entgegen der heutigen Annahme nicht unteilbar und punktförmig sind, sondern sich aus extrem kleinen Materiebausteinen zusammensetzen.

Noch aber sind das alles Spekulationen: Die HERA-Forscher benötigen schlichtweg mehr Meßdaten, um von einer physikalischen Sensation sprechen zu können. Ihr Problem ist, daß die relevanten Prozesse sehr selten auftreten – etwa ein Mal pro Monat, obwohl HERA 24 Stunden am Tag Meßdaten nimmt. Die Hoffnungen ruhen vor allem auf dem Jahr 2000. Dann soll HERA mittels ausgefeilter technischer Tricks auf eine größere Leistungsfähigkeit getrimmt werden. Nach diesem Beschleuniger-Facelifting rechnen die Forscher damit, pro Tag fünf Mal mehr Daten nehmen zu können als heute. Dann spätestens wähnen sich die Experten in der Lage, der Sache auf den Grund zu gehen und darüber zu befinden, ob sie tatsächlich einer physikalischen Revolution auf der Spur sind – oder nur einer Laune der Natur.

In der Tat gehen nicht wenige der Experten davon aus, daß es sich bei den ungewöhnlichen HERA-Meßergebnissen lediglich um statistische Ausreißer handelt, also um reinen Zufall. Dieser wäre ohne weiteres mit dem herkömmlichen Standardmodell zu erklären, und die Physik bliebe so, wie sie ist. Die Wahrscheinlichkeit für einen derartigen Ausrutscher beträgt immerhin ein Prozent – als würde jemand eine Münze werfen und dabei sieben Mal hintereinander »Kopf« präsentiert bekommen. Für wissenschaftliche Maßstäbe ist diese Unsicherheit von einem Prozent viel zu hoch. Um sicherzugehen, müssen die Forscher weiter »würfeln«, also wesentlich mehr Meßdaten sammeln. Sollte es tatsächlich ein neues physikalisches Phänomen geben, so würde sich dieses bei zunehmender Datenflut immer klarer abzeichnen. Sollte es sich um statistische Fluktuationen handeln, so würden die Unregelmäßigkeiten im Laufe der Zeit »glattgebügelt« werden.

Daß sich die HERA-Physiker mit Vokabeln wie »physikalische Revolution« und »wackelndes Weltbild« stark zurückhalten, hat gute Gründe. Mehr als einmal haben Teilchenforscher spektakuläre Messungen verkündet und grenzensprengende Umwälzungen verlautbart, die sich einige Zeit später als Fehlalarm herausstellten. Die jüngste Schlappe mußten Physiker des US-amerikanischen Forschungszentrums Fermilab in der Nähe von Chicago einstecken. Am Tevatron, dem derzeit stärksten Teilchenbeschleuniger der Welt, hatten sie Anfang 1996 eine Reihe von verdächtigen, womöglich revolutionären Meßdaten registriert. Die Arbeitsgruppe hatte billiardenfach die aus Quarks zusammengesetzten Wasserstoffkerne aufeinandergefeuert. Bei sehr heftigen Zusammenstößen, als die Teilchen extrem eng aneinander vorbeischrammten und dabei viel Energie austauschten, fanden die Forscher mehr als doppelt so viele Querschläger als erwartet. Eigentlich hätte sich das Feuerwerk der Kollision in erster Linie entlang der Flugbahn entladen sollen. Tatsächlich aber verließen wesentlich mehr Teilchen den Kollisionspunkt im rechten Winkel zur Flugrichtung, als es die Berechnungen erwarten ließen.

Manch einer glaubte aus diesen Daten herauslesen zu können, daß die Teilchen an irgendwelchen harten Körnchen innerhalb der Quarks abgeprallt sein müssen. Das würde bedeuten, daß Quarks, jene vermeintlich unteilbaren und fundamentalen Bauklötzchen der Materie, gar nicht unteilbar und fundamental sind. Statt dessen sollten sie sich aus kleineren Teilchen zusammensetzen – so die vorschnell formulierte Revolutions-Hypothese. Einige Zeit später stellte sich heraus, daß man lediglich bestimmte Details im Standardmodell zu überarbeiten hatte, um die ungewöhnlichen Abweichungen erklären zu können: Die Quarks in den aufeinanderprallenden Wasserstoffkernen scheinen bloß geringfügig anders miteinander zu »kommunizieren« als zuvor angenommen, und die US-Forscher mußten ihre Hypothese einer Quark-Substruktur zurücknehmen. Die »96er-Revolution« der Teilchenphysik hatte sich – zumindest in dieser Form – erledigt. Was bleibt, sind einige ungewöhnliche Meßwerte an einem der Tevatron-Detektoren. Diese aber müssen, ähnlich wie bei HERA, durch zukünftige Experimente erst noch bestätigt werden.

Einsteins Traum und das Tohuwabohu

Worauf wollen die Physiker mit ihren riesigen Beschleunigerexperimenten letztlich hinaus? Wollen sie immer mehr und immer andere Teilchen aufspüren, um für jeden neuentdeckten Mikro-Exoten einen Nobelpreis einzuheimsen? Genauso mag es für den unbefangenen Beobachter zuweilen aussehen, denn das eigentliche Ziel der Physik ist weniger offensichtlich als eine pure Teilchensammelei: Die Forscher bemühen sich nach Kräften, möglichst tief hinter die Kulissen des Partikelzirkus zu blicken. Dabei hoffen sie, auf eine Theorie über den Aufbau der Materie zu stoßen, die möglichst einfach und zugleich sehr grundlegend ist.

Das derzeitige Standardmodell erfüllt diese Kriterien nur bedingt. Es fußt, wie schon erörtert, auf relativ vielen Urbausteinen und auf relativ vielen Naturkräften. Sind all diese vielen Quarks und Elektronen tatsächlich die Grundbausteine der Welt? »Nein«, meinen nicht wenige unter den Theoretikern. »Da muß es noch etwas anderes, etwas Kleineres geben.« So machten sich schon bald nach Einführung des Standardmodells die besonders Ehrgeizigen unter den Theoretikern an die Entwicklung von tiefgreifenderen Modellen, sogenannte Preon-Theorien, in denen Quarks und Elektronen nicht mehr elementar sind. Eine der originellsten Ideen geht auf den israelischen Physiker Haim Harari zurück, die »Rishon«-Theorie. Der Name war Programm, Rishon heißt auf hebräisch »das erste« und repräsentierte Hararis Hoffnung, mit seiner Theorie die allerersten, kleinsten Teilchen gefunden zu haben.

Harari ging von zwei Teilchenfamilien aus, den Rishons und den Antirishons. Bei den Rishons gibt es ein Teilchen mit der Ladung ein Drittel, das Tohu, und ein neutrales Teilchen, das Wabohu. Entsprechend die Situation bei den Antirishons: Das »Antitohu« hat die Ladung minus ein Drittel, das Antiwabohu ist neutral. Um ein Elektron aufzubauen, braucht man drei Antitohus, für ein Up-Quark zwei Tohus und ein Wabohu. Das Ergebnis schien überzeugend: Hararis Rishon-Puzzle ergibt exakt so viele Kombinationsmöglichkeiten, wie das Standardmodell Teilchen hat. Konkret bedeutet das: Die 24 Teilchen des Standardmodells sind auf vier kleinere Urteilchen zurückgeführt. Bei der Namensgebung seiner Urbausteine bewies Harari erneut Phantasie: Am Anfang war alles »wüst und leer«, auf hebräisch »tohuwabohu« – so beschreibt die Genesis den Anfangszustand der Welt. Sollten die Tohus und Wabohus wirklich existieren und selbst nicht mehr teilbar sein, hätten die Physiker das in der Hand, was direkt nach dem Urknall als allererstes entstanden ist – so Hararis Kalkül.

Aus der Sicht eines Buchhalters mag seine Theorie überaus plausibel erscheinen. Dennoch hat sie einen gewaltigen Haken: Wie nur mögen sich solch winzige Teilchen innerhalb eines Quarks oder eines Elektrons bewegen? Und wodurch werden die Tohus und Wabohus auf derart engem Raum zusammengehalten? Theoretisch müßten dabei so enorme Energien im Spiel sein, daß die von den Rishons und Antirishons aufgebauten Teilchen, die Quarks und die Elektronen, viel schwerer sein müßten, als sie tatsächlich sind. Die Ladung und ähnliche Eigenschaften von Elektronen und Quarks kann Hararis Rishon-Theorie sehr schlüssig erklären, aber es fällt nach wie vor schwer, die Kräfte zwischen solchen Teilchen zu beschreiben. Die Konsequenz: Anfang der neunziger Jahre verebbten die Veröffentlichungen über Preonen, über mögliche Urbausteine von Quarks und Elektronen.

Dennoch ist und bleibt sie das Leitmotiv der modernen Physik – die Suche nach einer Supertheorie, die auf einfachsten Grundannahmen basiert und dennoch sehr viele, vielleicht sogar sämtliche Naturphänomene erklären kann. Dem Bann einer solchen »Allumfassenden Theorie« konnten sich bereits Albert Einstein und Werner Heisenberg nicht entziehen. Beide Genies arbeiteten bis zum Ende ihres Lebens an dem Entwurf einer Naturbeschreibung, die sämtliche Phänomene in einer einzigen Formel zusammenfaßt. Diese sagenumwobene »Weltformel« sollte im Idealfall so kurz und prägnant sein, daß sie ohne weiteres auf die Vorderseite eines T-Shirts gedruckt und von übereifrigen Physikstudenten spazierengetragen werden könnte. Von Erfolg waren die hochherrschaftlichen Bemühungen allerdings nicht gekrönt: Weder Einstein noch Heisenberg fanden die Weltformel, auch ihre Nachfahren suchen noch vergebens nach der »Theorie von Allem«.

Der Mißerfolg hat im wesentlichen einen Namen: Gravitation. Während sich die anderen drei Naturkräfte zumindest im hypothetischen Entwurf einer Großen Vereinheitlichten Theorie zusammenfassen lassen, scheint sich die Schwerkraft hartnäckig einer Kräftehochzeit zu entziehen. Während sich die elektromagnetische, die schwache und auch die starke

Wechselwirkung heute in mathematisch ähnlicher Form präsentieren, fällt die Formulierung der Gravitation völlig aus dem Rahmen. Ob und wie sie gemeinsam mit den anderen Naturkräften zu einer einheitlichen Theorie geformt werden kann, ist noch völlig offen.

Dabei ist die Gravitation an sich gar nicht so rätselhaft: Schon seit Anfang des Jahrhunderts gibt es für sie eine äußerst überzeugende mathematische Beschreibung, die berühmte Allgemeine Relativitätstheorie von Albert Einstein. Zwar basiert sie auf klaren physikalischen Prinzipien, mutet aber dennoch reichlich merkwürdig an. Wie eine Apfelsine eine gespannte Folie eindellt, kann laut Einstein ein extrem massereiches Gebilde wie ein Schwarzes Loch den Raum um sich herum verbiegen, regelrecht krümmen. Ebendieser Raumkrümmung folgt dann die Materie in der Nähe des galaktischen Monstrums – und verschwindet auf Nimmerwiedersehen in seinem Inneren. Zwar mag Einsteins gekrümmte Raumzeit der Alltagserfahrung hohnsprechen, aber daß seine Theorie zu stimmen scheint, beweisen ungezählte Vergleiche in der Realität. Wenn es um das Geschehen in kosmischen Dimensionen, um die Bewegung von Planeten, Sternen und ganzen Galaxien geht, dann ist die Allgemeine Relativitätstheorie auch heute noch das Maß aller Dinge.

Doch einige Jahre nach der glorreichen Erfindung sollte sich zeigen, daß Einsteins Meisterwerk partout nicht zur anderen großen Physik-Errungenschaft dieses Jahrhunderts paßt, der Quantentheorie. Diese gilt für die Welt im kleinen, für das Treiben der Moleküle, Atome und subatomaren Teilchen, und wurde im wesentlichen in den zwanziger Jahren von Forschern wie Werner Heisenberg entwickelt. Die Quantentheorie besagt, daß es im Mikrokosmos der Atome und Moleküle ganz anders zugeht als in der uns vertrauten Umgebung: Teilchen verhalten sich wie Wellen und Wellen wie Teilchen. Physikalische Größen wie Energie oder Zeit sind nur unscharf zu erkennen, als würden sie sich hinter einem Schleier verbergen. Dementsprechend liefern viele Formeln der Quantentheorie keine eindeutigen Zahlen als Ergebnis, sondern nur Wahrscheinlichkeitsangaben – eine Tatsache, mit der sich manche Physiker, insbesondere Albert Einstein kaum abfinden mochten. Die Experimente jedoch sprechen für die Quantentheorie und scheinen sie bislang in jeder Hinsicht zu bestätigen. Im übrigen ist das heutige Standardmodell der Teilchenphysik im Prinzip eine Weiterentwicklung der Quantenphysik, angewandt auf Quarks, Elektronen und die elementaren Naturkräfte.

Die Forscher haben also zwei überaus brauchbare Theorien in den Händen – Quantenphysik bzw. Standardmodell für die Prozesse im kleinen, Allgemeine Relativitätstheorie für das Geschehen im großen. Beide Theorien scheinen die Phänomene in ihrem jeweiligen Gültigkeitsbereich perfekt zu beschreiben und stimmen nahezu mit sämtlichen Beobachtungen überein. Wozu dann die angestrebte Verzwangsjackung in eine Allumfassende Theorie? Auf diese Frage gibt es zwei Antworten: Zum einen wäre eine einzige, einheitliche Theorie in den Augen der Naturforscher wesentlich ästhetischer als eine Sammlung von zwei verschiedenen, sich im Grunde widersprechenden Modellen. Zum anderen existieren tatsächlich Phänomene, zu deren Erklärung sowohl Quantenphysik als auch Relativitätstheorie herangezogen werden müssen. Eine derartige Extremsituation findet sich in einem Schwarzen Loch. Dieses galaktische Monstrum kann dann entstehen, wenn ein großer Stern am Ende seines Lebens in sich zusammenstürzt, weil sein nukleares Sonnenfeuer erloschen ist. Die gewaltige Implosion endet in einem winzigen, dunklen Gebilde von ungeheurer Dichte, dessen Schwerkraft so groß ist, daß alles verschlungen wird, was zu nahe kommt. Selbst das Licht verschwindet im Schlund des Gravitationslochs – weshalb es stets als schwarz erscheint.

Nun ist der Kern eines Schwarzen Lochs vermutlich so klein, daß er im Prinzip den verschwommenen Regeln der Quantenphysik zu folgen hat. Gleichzeitig ist er dermaßen dicht und massiv, daß man auch Einsteins Allgemeine Relativität zu Rate ziehen muß. Der Konflikt ist da: In einem Schwarzen Loch müssen zugleich beide Theorien gelten. Da sich aber beide nicht miteinander in Einklang bringen lassen, will beim Rechnen einfach nichts Vernünftiges herauskommen, und die Forscher haben im Grunde nicht die geringste Vorstellung darüber, was in einem Schwarzen Loch eigentlich passiert. Wollen sie es herausfinden, so brauchen sie eine Theorie, die Quantenphysik und Gravitationstheorie zu einer »Quantengravitation« verschmilzt. Diese Quantengravitation gilt gemeinhin als der Schlüssel zu einer Allumfassenden Theorie. Doch wie gesagt scheiterten Einstein und Heisenberg mit ihren Ideen, und auch ihre Enkel haben das Patentrezept noch nicht gefunden. Immerhin schmieden einige Köpfe seit den achtziger Jahren an einem neuen Entwurf, der »Superstring«-Theorie. Sie gilt heute als der einzige Kandidat für eine Theorie von Allem, für die Weltenformel und für die Quantengravitation.

Superstrings – die Theorie, die aus der Zukunft kam

Winzige Fädchen, hauchdünne Schnüre aus purer Energie, in sich geschlossen, zu Schlaufen gebunden, drehen und winden sich durch Zeit und Raum. Wie Violinsaiten schwingen und vibrieren sie und intonieren ein mikrokosmisches Quantenkonzert, dessen Klänge zu Materie werden. Ginge es nach einer Gruppe von theoretischen Physikern, so ist unsere Welt aus »Strings« aufgebaut: winzige Schleifen aus purer Energie, die als Grundbausteine der Materie fungieren. Den Befür-

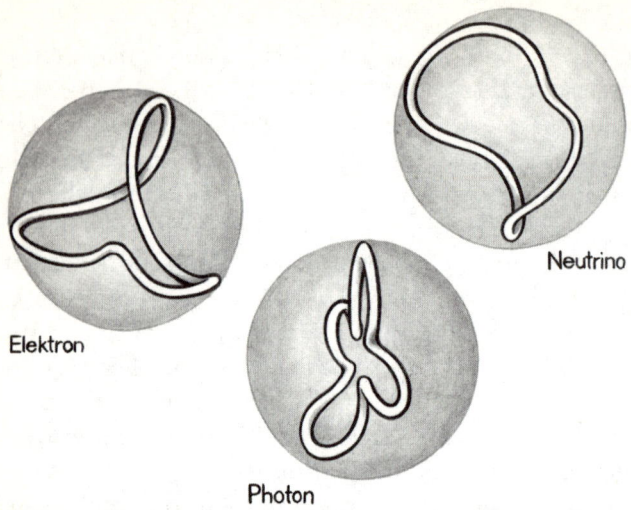

Strings, winzige Schlaufen aus purer Energie, können auf unterschiedliche Weise schwingen. Dadurch entstehen die bekannten Teilchen Elektron, Photon und Neutrino.

wortern gilt die Stringtheorie als derzeit aussichtsreichste (und einzige) Kandidatin für eine Allumfassende Theorie der Physik.

Die Idee hinter der Stringtheorie ist schnell zusammengefaßt: Das Urteilchen des Weltalls soll eine eindimensionale, zu einer Schlaufe geformte Saite sein. Ähnlich wie eine Geigensaite kann diese auf unterschiedliche Weise schwingen und dabei jeweils verschiedene »Töne« erzeugen. Jeder dieser verschiedenen Quantentöne entspricht einem anderen Teilchen, etwa einem Elektron, einem Quark oder einem Neutrino. Der Effekt ähnelt einem heftig angezupften Gummiband: Das Auge kann dem hin und her zitternden Band nicht mehr folgen; das Gehirn nimmt nun eine Art Wolke war; das dünne Band ist zu einem flächenhaften, ausgedehnten Gebilde mutiert. Je stärker nun ein String schwingt, desto größer sind Masse und Ladung des kraft seiner Vibration erzeugten Teilchens. Ein »ruhender« String dagegen soll unvorstellbar klein sein: Er mißt gerade mal 10^{-33} Zentimeter; zwischen dem Komma und der Eins liegen 32 Nullen. Damit ist die Miniatursaite in Relation zu einem Stecknadelkopf immer noch kleiner als der Stecknadelkopf verglichen mit dem Universum.

Die Stringtheorie hat ungewöhnliche Wurzeln: Ende der sechziger Jahre entwickelten Physiker die Vorstellung, daß Quarks durch saitenähnliche Gebilde zusammengehalten werden, die anschaulich als Strings bezeichnet wurden. Die Experten nahmen an, daß zwei oder drei Quarks durch Saiten miteinander verbunden sind und auf diese Weise ein größeres Teilchen bilden. Zwar konnte sich diese »archaische Stringtheorie« von kleinen Saiten als »Gummibänder« zwischen den Quarks nicht durchsetzen. Aber nach einiger Zeit merkten einige Fachleute, daß der dahintersteckende mathematische Formalismus noch andere, weitaus verlockendere Perspektiven eröffnet: Womöglich sind die Strings die letzten Urbausteine der Materie, der definitive Ansatz zur endgültigen Einheit der Physik. Relativ bald gelang es den Experten, ihre Stringtheorie mit einem anderen spekulativen Modell zu verheiraten, der Supersymmetrie. Seitdem werden die Miniaturschlaufen häufig auch als Superstrings bezeichnet. Anfang der achtziger Jahre erlebte die theoretische Physik einen regelrechten Strings-Boom: Zahlreiche Experten wandten sich den hypothetischen Schlaufen zu, ließen sich von ihrer mathematischen Struktur begeistern und vermuteten in ihnen den Gral der Allumfassenden Theorie.

Und tatsächlich, im Vergleich zu den gängigen Theorien hat das »musikalische« Weltbild der Strings beträchtliche Reize zu bieten. So behandelt das heutige Standardmodell jedes Elementarteilchen im Grunde als »Singularität«, als punktförmiges Objekt ohne jede Ausdehnung. Nimmt man diese Vorstellung wörtlich, so führt sie zu unlösbaren Problemen. Denn sollte ein Teilchen tatsächlich unendlich klein sein, so müßten seine Masse und seine Ladung folgerichtig in diesem einen Punkt konzentriert sein. Das Teilchen hätte dann konsequenterweise eine unendlich große Massen- und Ladungsdichte! Das erscheint absurd – weshalb die Physiker dieses Problem bislang mit ausgefeilten mathematischen Manövern umschiffen.

Derartige Tricks sind bei den Strings nicht nötig: Da jedem der fundamentalen Minischlaufen eine (wenn auch minimale) Ausdehnung zugeordnet ist, gibt es in ihrer Welt keine häßlichen Singularitäten. Mit anderen Worten: Die fundamentalen Minischlaufen sind zwar extrem winzig, aber nicht unendlich klein. Massen- und Ladungsdichten erhalten zwar sehr große, aber dennoch endliche Werte. Sollte sich dieses Bild der schwingenden Fundamentalbausteine bewahrheiten, ginge damit zugleich ein alter Traum in Erfüllung: die Vereinigung der beiden bedeutendsten Physiktheorien unseres Jahrhunderts, der Quantenmechanik und Einsteins Allgemeiner Relativitätstheorie. Wir haben schon gesehen, daß sich die Quantenmechanik auf die Welt der Atome und subatomaren Teilchen bezieht, während die Allgemeine Relativität die Schwerkraft beschreibt und für Sonnensysteme, Galaxien und das Universum als Ganzes gilt. Innerhalb ihrer Gültigkeitsgrenzen »arbeiten« beide Modelle perfekt und völlig unabhängig voneinander. Beispielsweise kann die Schwerkraft in weiten Bereichen des Mikrokosmos guten Gewissens vernachlässigt werden. Erst bei extrem kleinen Dimensionen, wie sie im Augenblick des Urknalls relevant gewesen sein mögen, werden die Gravitationseffekte so stark, daß sie in die quantenphysikalischen Rechnungen einbezogen werden müssen, denn gemäß der Urknalltheorie begann der Big Bang mit einer Singularität. Um diese mathematisch in den Griff zu bekommen, bräuchten die Experten eine Theorie der Quantengravitation, doch an der Schöpfung einer solchen versuchen sich die Forscher seit Einstein vergebens. Das Versagen der Theoretiker hat seine guten Gründe: Es gibt enorme mathematische Probleme, wenn sich zwei punktförmige Teilchen sehr nahe kommen – die Schwerkraft zwischen ihnen kann im Prinzip ins Unermeßliche wachsen. Dieses Problem entfällt bei den Strings. Sie haben eine Ausdehnung und können sich nicht unendlich dicht auf die Pelle rücken. Das führt dazu, daß sich die Gravitationskräfte »ordentlich« benehmen und nicht unendlich werden, und das wiederum hat zur Folge, daß die Strings tatsächlich – wie es sich für eine Allumfassende Theorie gehört – alle vier Naturkräfte beinhalten, insbesondere auch die Gravitation.

Nicht nur deshalb sehen sich die Strings-Befürworter im Aufwind. Außerdem konnten sie in den letzten beiden Jahren eines der Hauptprobleme ihres Modells aus dem Weg schaffen: Bis vor einiger Zeit hatten es die Experten nicht mit einer einzigen Stringtheorie zu tun, sondern gleich mit sechs verschiedenen, und niemand hatte auch nur die geringste Ahnung, welche dieser Varianten für unsere Welt »zuständig« ist und wer zum Teufel wohl in den anderen fünf Welten leben würde. Vor kurzem aber haben einige besonders begabte Theorie-Tüftler entdeckt, daß sich alle sechs Varianten letztlich doch auf einen einzigen Ansatz zurückführen lassen – die »M-Theorie«. M steht je nach Geschmack für »Magic«, für »Mystic« oder für »Matrix«.

Trotz der jüngsten Erfolge durften die Strings ihren definitiven Durchbruch bislang noch nicht erleben. Viele Fachleute stehen ihnen äußerst kritisch gegenüber, manch einer lehnt sie sogar als reine Spekulation ab. Die Gegner der Theorie mokieren sich gleich über mehrere Punkte. So sind die Energiesaiten derart klein, daß man sie im Gegensatz zu Quarks und anderen Teilchen wohl nie in einem Beschleuniger wird

Superstrings und Schwarze Löcher

Auch Kosmologen können den Superstrings einiges abgewinnen. Ihre Hoffnung ist, daß die winzigen Energieschlaufen das Geheimnis der berühmt-berüchtigten Schwarzen Löcher lüften könnten. Schwarze Löcher sind massive Sternleichen, deren übermächtige Schwerkraft sogar das Licht verschlingt. Die *galaktischen Staubsauger* geben selbst ausgewiesenen Physikgenies wie Stephen Hawking Rätsel auf. Was zum Beispiel passiert mit der Information, die in den verschluckten Lichtwellen und Materieteilchen gespeichert ist? Der naheliegendste Gedanke lautet: Diese Information ist für alle Zeiten verloren. Das aber hätte für die Physik fatale Konsequenzen, schließlich sind die meisten Forscher davon überzeugt, mit der richtigen Theorie in den Händen prinzipiell alles über die Vergangenheit in Erfahrung bringen zu können. Das aber kann nicht mehr funktionieren, wenn Information nicht wie erhofft erhalten bleibt, sondern tatsächlich in Schwarzen Löchern verschwindet. Vielleicht, so witzelt Hawking, hat jemand im letzten Jahr die Allumfassende Theorie der Physik entdeckt – nur ist sie dummerweise in einem Schwarzen Loch verlorengegangen.

Die meisten Physiker wollen diesen unwiderruflichen Informationsverlust nicht hinnehmen. Sie spekulieren darauf, daß die in ein Schwarzes Loch geratene Information auf irgendeine Weise wieder herauskommen kann, dazu aber muß ein Schwarzes Loch als riesiger Datenspeicher fun-

beobachten können – es sei denn, man könnte eine Teilchenschleuder von den Ausmaßen des Universums bauen. Selbst führende Strings-Protagonisten wie Edward Witten von der Princeton-Universität in den USA sehen nur vage Hoffnung auf eine direkte experimentelle Bestätigung: »Vielleicht sagt gieren können. Wie so etwas funktionieren soll, war den Experten allerdings ein Rätsel, erst die Strings scheinen einen Ausweg zu bieten. Der Grundgedanke: Man stelle sich vor, ein Schwarzes Loch würde aus Strings bestehen, genauer gesagt aus *P-branes*. Diese Gebilde sind so etwas wie höherdimensionale Varianten der eindimensionalen Strings: Statt dürrer Saiten bewegen sich etwa dünne Membranen gleich fliegenden Teppichen durch Raum, Zeit und sieben weitere Dimensionen. Von letzteren merken wir Menschen allerdings nicht viel, da sie unmeßbar klein sind.

Das Entscheidende: Ein in ein Schwarzes Loch stürzendes Teilchen könnte eines der P-branes in Schwingungen versetzen. Dieses würde die im Teilchen versteckte Information aufnehmen und speichern – ähnlich, wie die Rille einer Schallplatte Schallwellen zu speichern vermag. Damit nicht genug: Die Forscher hoffen sogar, daß ein Schwarzes Loch die in ihm gespeicherten Informationen wieder preisgeben kann. Daß diese Hypothese außergewöhnlich und nahezu verrückt klingt, geben selbst ihre Befürworter zu: *Man sollte dieses Bild nicht zu wörtlich nehmen*, so Hawking, *aber in gewisser Hinsicht scheinen sich Schwarze Löcher tatsächlich so zu verhalten, als würden sie aus kleinen, schwingenden Blättern bestehen.* Sollten die Forscher wirklich recht behalten, so hätten sie für eine handfeste wissenschaftliche Sensation gesorgt – selbst wenn aus den Eingeweiden eines Schwarzen Lochs keine verlorene Physiktheorie ans Licht springt.

die Stringtheorie eines Tages neue, bislang unbekannte Naturphänomene voraus. Und die könnten sich dann durch Experimente bestätigen lassen.«

Ebenfalls unverstanden ist, daß sich die Stringtheorie nicht innerhalb der gewohnten vier Dimensionen abspielt, also in einer Zeit- und drei Raumdimensionen. Statt dessen will es der mathematische Formalismus, daß sich die winzigen Saiten zehn- oder elfdimensional durchs Weltgeschehen bewegen. Die sechs bis sieben Zusatzdimensionen sollen so klein sein, daß wir Menschen sie schlicht und einfach nicht wahrnehmen – ähnlich dem Gartenschlauch, der aus der Entfernung gesehen einer simplen Linie entspricht und sich erst bei näherer Betrachtung als mehrdimensionales Gebilde entpuppt. Theoretisch existieren Hunderttausende von Möglichkeiten, auf welche Weise sich die Extradimensionen aufrollen und ineinander verstülpen können, aber niemand weiß bisher, welche dieser Möglichkeiten sich in unserem Universum verwirklicht findet.

Weit schwerer wiegt ein anderer Einwand: Zwar erheben die Strings-Protagonisten den Anspruch, auf der Spur einer wirklich Allumfassenden Theorie zu sein, dennoch sind die Strings bislang nicht in der Lage, die noch unverstandenen Naturphänomene zu erklären. Genausowenig wie andere Physiker können die Vertreter der Strings-Fraktion heute darlegen, warum ein Wasserstoffkern knapp zweitausend Mal schwerer ist als ein Elektron oder weshalb das vor drei Jahren entdeckte Top-Quark ausgerechnet soviel wiegt wie ein Goldatom. Eine der Ursachen für das Manko: Zwar ist das Bild einer schwingenden Saite als universeller Grundbaustein durchaus einfach und anschaulich, der dahintersteckende mathematische Formalismus aber entpuppt sich als zutiefst kompliziert, konkrete Berechnungen erweisen sich zum Teil als extrem schwierig. Ein weiterer Grund für das bisherige Versagen der Strings hängt mit ihrer Geschichte zusammen. Bei einer physikalischen »Mustertheorie«, wie sie Einsteins Relativität abgibt, entsteht als allererstes das grundlegende Konzept mit einigen mathematischen Basisformeln. Aus diesem Grundgerüst lassen sich dann andere Gleichungen herleiten, mit denen sich in der Folge die konkreten Probleme berechnen lassen. Anders bei der Stringtheorie: »Wir haben zuerst einige der weniger grundlegenden Gleichungen entdeckt«, so Witten, »und nun versuchen wir schon seit einiger Zeit, die eigentlichen Grundprinzipien zu finden, die hinter der Stringtheorie stecken und die uns sagen, was die Theorie wirklich ist!« Und Strings-Pionier Michael Green konstatiert: »Ohne das Verständnis der Grundprinzipien werden wir nicht weiterkommen. Was wir brauchen, ist ein regelrechter Durchbruch!« Manche Experten unken sogar, Strings seien eigentlich eine Theorie aus den zukünftigen Tiefen des 21. Jahrhunderts. Rein zufällig habe man sie schon in diesem Zeitalter entdeckt – nur seien die derzeitigen mathematischen Hilfsmittel noch viel zu beschränkt, um die Strings in angemessener Gründlichkeit abhandeln zu können.

Die derzeitige Situation der Strings-Theoretiker ähnelt also ein wenig der eines genialen Pkw-Konstrukteurs: Eher zufällig ist er auf den vielversprechenden Konstruktionsplan für ein neues Wunderauto gestoßen – ein High-Tech-Gefährt basierend auf völlig neuen Prinzipien, zweihundert Stundenkilometer schnell, null Emissionen, perfekte Sicherheit für die Insassen. Aber das Auto fährt nicht, in der Konstruktion fehlen noch einige grundlegende Teile – und keiner weiß, ob man diese Teile jemals wird bauen können.

Zwar »funktionieren« die eigentümlichen mathematischen Konstrukte der Strings-Protagonisten auf einer bislang abstrakten Ebene erstaunlich gut, aber selbst ausgewiesene Gurus wie Witten und Green haben keine Ahnung, warum. Deshalb wartet die Strings-Szene auf einen zweiten Albert Einstein, der in einem Geniestreich endgültige Klarheit in die Angelegenheit bringt und die fehlenden Grundprinzipien entdeckt – so, wie es Einstein einst bei seiner Relativitätstheorie gelungen ist. Aber »es ist nach wie vor ganz schön schwierig, sich vorzustellen, wie die grundlegenden Konzepte der Stringtheorie aussehen werden«, meint Witten. »Es kann durchaus sein, daß wir noch ziemlich weit von einem Verständnis dieser Konzepte entfernt sind. Jedenfalls glaube ich, daß wir in Zukunft noch manche Überraschung erleben werden. Womöglich wird ja einer der jungen Studenten für die große Innovation sorgen und uns endlich sagen können, wo es langgeht!«

Sollte sich eines Tages das diffuse Mosaik der schwirrenden und schwingenden Energiesaiten aber tatsächlich zu einem einheitlichen Bild zusammenfügen lassen, wären die Physiker am Ziel ihrer Träume: Dann hätten sie mit den Superstrings ihre ersehnte Allumfassende Theorie in den Händen – ein Modell, das im Prinzip jedes physikalische Phänomen im Universum beschreibt, sowohl im Mikro- als auch im Makrokosmos.

Die Teilchen, der Kosmos und der ganze Rest

Heute können die Physiker über die Existenz einer Weltformel nur spekulieren und dürfen von der ersehnten Allumfassenden Theorie nur träumen. Noch ist völlig offen, ob sich die heißgehandelten Superstrings eines Tages als definitive Lösung des Welträtsels herausstellen oder ob sie sich bloß als peinlicher Irrweg einiger Theorie-Talente entpuppen, die ihre geistigen Fähigkeiten wegen einer völlig falschen Idee sinnlos verplempert haben. Doch was passiert, sollte eines Tages tatsächlich ein »Einstein junior« auf die Weltformel stoßen und den Heiligen Gral der Teilchenphysik entdecken, die Theorie von Allem? Wären sämtliche Rätsel der Welt auf einen Schlag gelöst – von den Bindungseigenschaften zweier Quarks über das Verhalten eines Transistors bis zur Explosion einer Supernovae? Könnte sogar jedwede Gemütsregung der Menschenseele auf eine per Weltformel lösbare Verkettung subatomarer Prozesse zurückgeführt werden?

Die (durchaus beruhigende) Antwort lautet: wohl kaum. So, wie es aussieht, läßt sich die Welt nicht allein aus den Eigenschaften ihrer (noch unbekannten) Urbausteine heraus erklären. Denn wenn sich Bausteine zu einer größeren Einheit zusammenschließen, scheinen dabei auch ganz neue Regeln mit ins Spiel zu kommen. Vereinfacht gesagt: Das Ganze ist mehr als die Summe seiner Teile; ein Mensch ist mehr als die Summe aller Zellen und Eiweiße, aus denen er aufgebaut ist. Ob diese Regeln in einer Weltformel enthalten wären, ist heute zwar nicht abzusehen, darf aber als eher unwahrscheinlich gelten.

Doch selbst, wenn es kraft einer Weltformel im Prinzip möglich wäre, das Balzverhalten eines Elefanten aus dem mikrokosmischen Zusammenspiel seiner Elementarbausteine abzuleiten – es wäre völlig unpraktisch, weil mathematisch viel zu kompliziert. Ein Computer hätte das Zusammenspiel von Abermyriaden von Teilchen zu berechnen, was selbst bei ungebremstem Vertrauen in die Fähigkeiten von Bill Gates & Co ein utopisches Unterfangen bleiben dürfte. Kurz gesagt: Für den Alltag braucht man keine Weltformel, es tun auch grobere, praxisnähere Modelle. Schließlich entscheidet man sich des Morgens ja nicht für T-Shirt oder Wollpullover, weil man Trilliarden einzelner Molekülgeschwindigkeiten ins Kalkül gezogen hat, sondern sich nach einer einzigen Zahl richtet – der im Wetterbericht prognostizierten Temperatur. Sie ist zwar nur ein überaus grober, philosophisch unbefriedigender Durchschnittswert für den gerade herrschenden Zustand der Luft, für den menschlichen Alltag, aber sie besitzt einen unerreichten Nutzen. Mit anderen Worten: Weder für unseren Alltag noch für die Arbeit eines Ingenieurs dürfte eine Weltformel auf absehbare Zeit eine unmittelbare, praktische Bedeutung haben. Sie bildete vielmehr das philosophische Fundament der Physik, vielleicht sogar der gesamten Naturwissenschaften. Und das ist ja schließlich auch etwas.

Im Grunde gilt das, was für eine hypothetische Weltformel getrost konstatiert werden darf, bereits für die heutige Teilchenphysik: Weder die theoretischen Schreibtischübungen noch die aufwendigen Beschleunigerexperimente haben – sieht man von den »Abfallprodukten« der Teilchenforschung ab – einen unmittelbaren Einfluß auf Alltag und Technik. Das dürfte auf absehbare Zeit so bleiben, auch wenn die Forscher das Liebesleben der Quarks und Gluonen noch so detailliert enträtseln: Nach menschlichem Ermessen steht uns weder eine zivilisationsrettende »Quarkenergie« noch eine völkerausrottende »Quarkbombe« bevor. Vereinfacht gesagt sind die Dimensionen der Elementarteilchen für eine technische Nutzbarmachung schlicht und einfach viel zu klein. Mancher Forscher bittet konsequenterweise dann auch darum, die ihm zugeteilten Gaben der öffentlichen Hand nicht als wirtschaftsfördernde Auftragsforschung anzusehen, sondern vielmehr mit den Finanzspritzen für Theater und Opernhäuser zu vergleichen. Der »wahre« Teilchenphysiker ist im tiefsten Inneren seines Herzens ein Naturphilosoph der alten Schule; er sieht seine Arbeit vielmehr als Beitrag zur Geisteskultur denn als Mehrung des technisch-ingenieurorientierten Lehrbuchwissens.

Trotz ihres nahezu esoterischen Wesens strahlt die Teilchenphysik zum Teil kräftig auf andere Fachgebiete aus; die meisten Berührungspunkte hat das Modell vom ganz Kleinen paradoxerweise mit der Kosmologie, also der Lehre vom ganz Großen. Beide Theorien treffen sich zwangsläufig zu Beginn des Weltalls, beim Urknall. Den Anfang des Kosmos ohne die Weisheiten der Teilchenphysik verstehen zu wollen, ist ein hoffnungsloses Unterfangen, denn das Universum begann nach Überzeugung der meisten Kosmologen vor schätzungsweise 15 Milliarden Jahren in einem winzigen, unglaublich heißen Punkt, der sich bis heute zu gewaltiger Größe aufbläht. In diesem »kosmischen Keim« war – unvorstellbar, aber wahr – sämtliche Materie des späteren Weltalls konzentriert.

Faszinierend auch: Zu diesem Zeitpunkt muß einzig und allein die (bislang noch unbekannte) Allumfassende Theorie regiert haben. Es gibt weder Quarks noch Elektronen, weder Gravitation noch elektromagnetische Kraft, einzig mag ein ungeheures Gewimmel von (bislang hypothetischen) Urteilchen herrschen, die durch eine einzige Urkraft miteinander kommunizieren. Eine perfekt symmetrische Welt – die schon nach einem Wimpernschlag einen Riß bekommt: Bereits nach 10^{-43} Sekunden (eine Zahl mit 42 Nullen hinter dem Komma!)

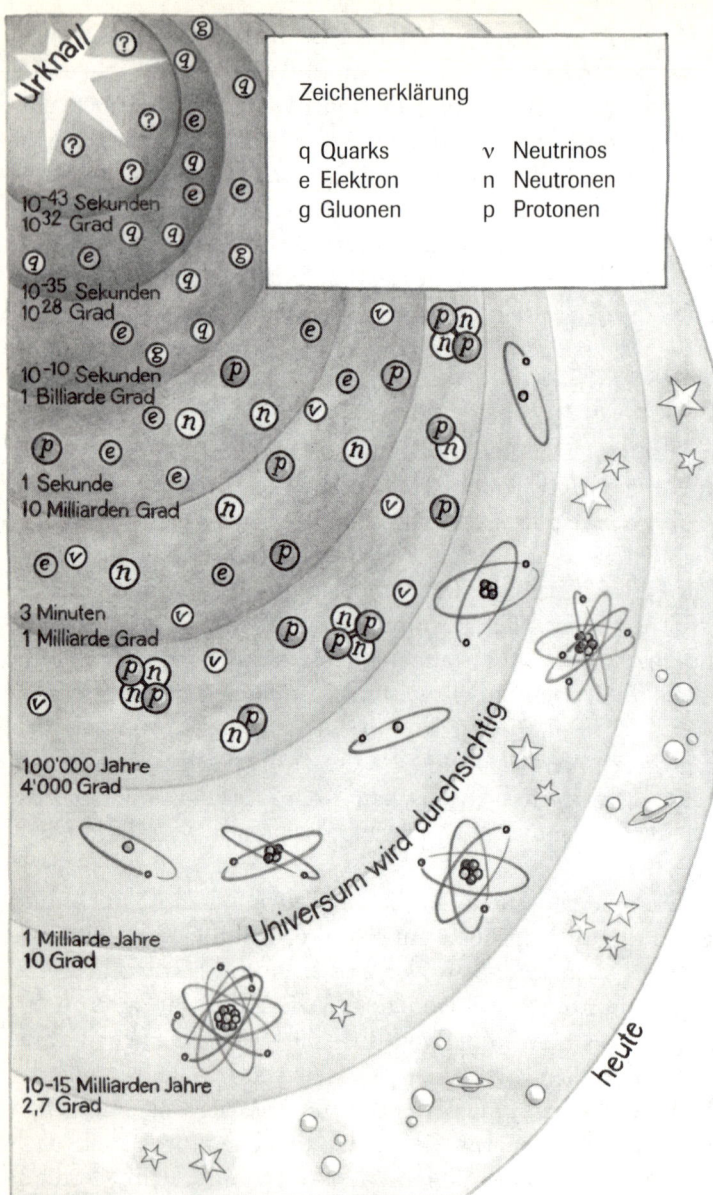

Zeichenerklärung

q Quarks   ν Neutrinos
e Elektron   n Neutronen
g Gluonen   p Protonen

Urknall

10⁻⁴³ Sekunden
10³² Grad

10⁻³⁵ Sekunden
10²⁸ Grad

10⁻¹⁰ Sekunden
1 Billiarde Grad

1 Sekunde
10 Milliarden Grad

3 Minuten
1 Milliarde Grad

100'000 Jahre
4'000 Grad

1 Milliarde Jahre
10 Grad

10-15 Milliarden Jahre
2,7 Grad

Universum wird durchsichtig

heute

Die Teilchen, der Kosmos und der ganze Rest

0 Sekunden; unendlich heiß: alle Materie und Energie ist in einem Punkt vereint

10^{-43} Sekunden; 10^{32} Grad: die Schwerkraft koppelt sich vom restlichen Geschehen ab

10^{-35} Sekunden; 10^{28} Grad: die starke Kraft koppelt sich ab, Materie dominiert über Antimaterie

10^{-10} Sekunden; eine Billiarde Grad: die schwache und die elektromagnetische Kraft trennen sich voneinander, es entstehen Protonen und Neutronen

1 Sekunde; 10 Millionen Grad: stabile Elektronen treten auf den Plan, Neutrinos koppeln sich vom Rest der Materie ab

3 Minuten; 1 Milliarde Grad: Atomkerne bilden sich, überwiegend Wasserstoff und Helium

100000 Jahre; 4000 Grad: leichte Atome entstehen, Photonen koppeln sich von der Materie ab, so daß das Universum transparent wird

1 Milliarde Jahre; 10 Kelvin (minus 263 Grad Celsius):Sterne, Galaxien und Planeten entstehen, ebenso schwere Atome und erste Biomoleküle

10 bis 15 Milliarden Jahre; 2,7 Kelvin (minus 270 Grad Celsius): das heutige Universum mitsamt Lebewesen

spaltet sich die Gravitation von der Urkraft ab; zu diesem frühen Zeitpunkt existieren also bereits zwei Kräfte. Ansonsten herrscht ein einzigartiges »Materie-Strahlungs-Kauderwelsch«, Strahlung manifestiert sich zu Materie-Antimaterie-Pärchen, die flugs wieder zu purer Energie zerstrahlen. Das aber soll sich im nächsten Augenblick ändern. Schon 10^{-35} Sekunden nach dem Urknall schlägt die »CP-Verletzung« zu und sorgt für eine leichte, aber entscheidende Bevorzugung der Materie gegenüber der Antimaterie. Es entstehen in der Folge stabile Teilchen, die eine »materielle Ursuppe« bilden – ein extrem heißes Gas aus einzelnen Quarks und Gluonen. Zu dieser Zeit koppelt sich auch die starke Kraft von der elektroschwachen Kraft ab; es gibt also nunmehr drei Kräfte.

Nur wenig später, 10^{-10} Sekunden nach dem Urknall, sind es dann vier, die elektroschwache hat sich in die elektromagnetische und die schwache Kraft aufgespalten. Zu dieser Zeit mag das Universum die Ausmaße einer Kirschtomate haben, in der es eine Billiarde Grad heiß ist. Die einzelnen Quarks finden sich zu Grüppchen zusammen und bilden Protonen und Neutronen. Eine Sekunde nach dem Big Bang betreten dann auch stabile Elektronen die kosmische Bühne. Nach drei Minuten hat sich das nun immerhin fünfzig Millionen Kilometer große Universum auf eine Milliarde Grad abgekühlt, so daß Protonen und Neutronen zu Wasserstoff- und Heliumkernen zusammenklumpen können. Aber erst nach dreihunderttausend Jahren und bei Temperaturen von sechstausend Grad bildet sich Materie, wie wir sie kennen: Die Atomkerne können dauerhaft Elektronen einfangen und zu Atomen werden, es entsteht ein Kosmos voller Wasserstoff- und Heliumgas. Erst viel später, etwa eine Milliarde Jahre nach dem Urknall, bilden sich die ersten Sterne und Galaxien, darunter auch die heutige Milchstraße.

So lautet in Kurzform das Szenario, das Kosmologen und Teilchenphysiker in ihren aktuellen Theorien zeichnen. Ob das Bild in dieser Form stimmt, läßt sich zum einen mit Teleskopen wie Hubble überprüfen. Das Weltraumteleskop kann Galaxien sichtbar machen, die viele Milliarden Lichtjahre von unserer Milchstraße entfernt sind. Da das Licht von diesen Galaxien bis zur Erde viele Milliarden Jahre unterwegs gewesen ist, sehen wir die gewaltigen Sternhaufen nicht in ihrem Jetzt-Zustand, sondern in ihrer Kindheit – im Idealfall sogar während ihrer Entstehung.

Auch ein Beschleuniger ist – aus der Sicht des Kosmologen – eine Zeitmaschine. Mit ihm lassen sich die Bedingungen unmittelbar nach dem Urknall in einem irdischen Labor simulieren. Eine hochenergetische Teilchenkollision entspricht einem Mini-Urknall; und je heftiger ein Beschleuniger die Partikel aufeinanderfeuern kann, desto näher tasten sich die Forscher an den Big Bang heran. Auf diese Weise ergänzen sich die Meßdaten von Teleskopen und Beschleunigern – und liefern ein immer schärferes, wenn auch noch lange nicht perfektes Bild von der Geburt des Universums.

Superlampen und Müllschlucker: nützliche Abfallprodukte

Beschleuniger als Supermikroskope für das, was die Welt im Innersten zusammenhält, Speicherringe als Zeitmaschinen für eine Reise zum Ursprung des Universums: Eigentlich sind Teilchenbeschleuniger reine »Philosophiemaschinen«, gebaut für Forschungsgebiete von großer theoretischer Faszination, aber mit ausgesprochener Anwendungsferne. Dennoch profitieren Technik, Wirtschaft und Gesellschaft von den Bemühungen der Teilchendetektive, denn der Bau eines Beschleunigers ist eine absolute High-Tech-Angelegenheit, und im Laufe der Jahre mußten die Physiker bei der Entwicklung ihrer Supermaschinen immer wieder Spitzentechniken entwickeln. Diese Techniken erwiesen sich in der Folge auch für ganz andere Bereiche als überaus sachdienlich. So finden diverse Konzepte für ultraschnelle Elektronikbauteile, ausgefeilte Computerprogramme und Höchstleistungs-Vakuumpumpen heute in vielen Bereichen von Wissenschaft und Technik Verwendung, obschon sie ursprünglich für die Belange der Teilchenphysik entwickelt worden waren. Herausgegriffen seien die beiden wohl wichtigsten »Abfallprodukte« der Teilchenforschung: das weltumspannende Computernetz »World Wide Web« sowie die ursprünglich verpönte Synchrotronstrahlung.

Es war 1989, da grübelte der CERN-Forscher Tim Berners-Lee darüber nach, wie er seinen Kollegen einen besseren und simpleren Zugang zu den riesigen Datenbanken der weltweit führenden Teilchenforschungszentren schaffen könnte. Egal, wo sich ein Physiker gerade auf dem Globus befand, an jeder Stelle sollte er sich relativ einfach die gerade gesuchten Daten besorgen können.

Berners-Lees Lösung war das »Web«, so etwas wie eine Bedienungsschablone, die über das Internet, das eigentliche Computernetz, gestülpt ist. Das Web macht den Prozeß der Informationsbeschaffung bedienerfreundlich, auf ein und derselben Bildschirmseite lassen sich nicht nur Texte und Zahlen darstellen, sondern auch Farbbilder, Videofilmchen und Graphikanimationen, begleitet von Musik, verrückten Klängen und Sprecherkommentaren. Außerdem sind bestimmte Schlüsselbegriffe im Text hervorgehoben. Ein Klick mit der Maus auf das markierte Wort genügt, und man erhält (mehr oder weniger reichliche) Zusatz- und Hintergrundinfos über den gewählten Begriff. Das Geniale an diesem »Hypertext«-Prinzip ist, daß die Informationen über Grenzen hinweg miteinander vernetzt sind. Möchte man Hintergrundinfos über einen bestimmten Begriff erfahren und klickt auf das markierte Wort, so landet man womöglich auf einem Rechner in Japan oder den USA, der die gesuchten Daten bereithält. In der Teilchenphysikszene setzte sich das Web etwa 1991 durch. Zwei Jahre später begann der Siegeszug durch den Rest der Welt, eine wahre Revolution in der Telekommunikation. Heute lassen sich per Web Schallplatten ordern, Hotels buchen, der Wetterbericht für Neuguinea einsehen und Telefonnummern in den USA herausfinden. Die Erwartungen von Wirtschaft und Politik sind enorm: Manch einer vermutet im www den Marktplatz der Zukunft, ein virtuelles Kaufhaus mit Milliardenumsätzen, zudem einen monumentalen Unterhaltungs- und Informationskiosk. Einige Medienforscher oraklen gar die Verschmelzung des herkömmlichen Fernsehens mit dem www herbei – einem Projekt, das ganz unspektakulär in einigen Büros und Computerräumen des CERN begonnen hatte.

Auch die Geschichte des zweiten wichtigen »Spin-offs« ist eine ungewöhnliche: 1947 entdeckte der US-amerikanische Techniker Floyd Haber am Elektronen-Synchrotron seines Arbeitgebers General Electric einen hellen, gebündelten Lichtstrahl. Er stammte von den herumkreisenden Teilchen, die jedesmal, wenn ein Magnetfeld sie in die Kurve lenkt, mit der Aussendung von Licht reagieren. Für die Teilchenforscher erwies sich diese »Synchrotronstrahlung« rasch als Fluch, sie begrenzt die Maximalenergie eines Beschleunigers und nötigt die Physiker dazu, immer größere Anlagen zu bauen. Andere Wissenschaftler hingegen profitieren von der Synchrotronstrahlung, denn sie enthält ultrastarke und extrem gebündelte Röntgenstrahlung, die sich hervorragend zum »Durchleuchten« der verschiedensten Materialien eignet.

Physiker analysieren mit Hilfe der Strahlung neue magnetische Schichtstrukturen, welche in den Tonbändern und Festplatten der Zukunft zum Einsatz kommen könnten. Geoforscher simulieren die extremen Bedingungen im Erdkern, indem sie Eisen mit Diamantstempeln auf mehrere Millionen

Bar zusammenpressen, um es dann mit Röntgenlicht zu untersuchen. Biologen halten Kristalle aus Eiweißmolekülen in den Röntgenstrahl, um deren genaue Gestalt herauszufinden, und Kunststoffexperten schauen sich Mikrorisse in Polymeren an oder finden heraus, was im Detail beim Trocknen einer wasserlöslichen Farbe passiert.

An den Beschleunigerzentren der sechziger und siebziger Jahre galten die Nutzer der Synchrotronstrahlung als freundlich geduldete Parasiten, heute dagegen sind sie fest etabliert. Mittlerweile gibt es weltweit mehr als vierzig Beschleuniger, die nichts anderes als Synchrotronstrahlung erzeugen. Die Teilchenschleuder ist zur Röntgenlampe geworden, und das Licht aus dem Beschleuniger hat sich vom Störeffekt zum Forscherhit gewandelt.

Die größte Röntgenlampe Europas steht seit 1994 im französischen Grenoble, der Europäischen Quelle für Synchrotronstrahlung, kurz ESRF. Deutschland ist zu einem Viertel an dem eine Milliarde Mark teuren Großprojekt beteiligt. Das Herz der Anlage ist ein Elektronenspeicherring mit knapp einem Kilometer Umfang, gespickt mit Spezialmagneten, sogenannten Wigglern und Undulatoren. Diese bestehen aus einer Folge von sich abwechselnden Nord- und Südpolen. Durchlaufen lichtschnelle Elektronen diesen »Magnetparcours«, so werden sie auf einen engen Slalomkurs gezwungen und damit zur Aussendung eines extrem intensiven Röntgenstrahls gebracht. Dieser Strahl ist eine Billion mal intensiver als das Röntgenlicht in einer Arztpraxis und brennt innerhalb einer Sekunde in eine zwei Millimeter dicke Stahlplatte ein Loch. Um sich vor der geballten Strahlung zu schützen, sind die Versuchsaufbauten in bleierne Hütten eingesperrt, das gebündelte Röntgenlicht darf erst in die Kammer, wenn der Raum von allem Personal evakuiert und die Tür fest verschlossen ist. Vor kurzem haben auch Japan und die USA nachgezogen und milliardenteure Superlampen von der Größe des ESRF-Speicherrings gebaut, und in Berlin-Adlershof entsteht mit BESSY 2 eine etwas kleinere, auf »weiche«, relativ niederfrequente Röntgenstrahlung spezialisierte Quelle. Sie sorgt ab 1999 für Meßdaten.

Mittlerweile hat auch die Industrie die Reize der Superlampen entdeckt. Beispielsweise setzen Halbleiterunternehmen auf ein neues Verfahren zur Qualitätskontrolle von Wafern. Das Problem: Die Reinheitsanforderungen an die Siliziumrohlinge werden immer schärfer, die aus ihnen gefertigten Mikrochips sollen schließlich immer kleiner, feiner und schneller werden. Um einen Wafer auf seinen Reinheitsgrad hin »abzuklopfen«, beschießen ihn die Forscher mit hochintensivem Röntgenlicht. Dieses regt die Fremdatome im Silizium zum Leuchten an, und dieses Nachleuchten, das Fluoreszenzlicht, wird durch Spezialdetektoren erfaßt. Da jedes Element in einer anderen Röntgenfarbe leuchtet, lassen sich die Verunreinigungen voneinander unterscheiden, etwa Eisen von Kupfer oder von Nickel. So entsteht eine Art Landkarte für Verunreinigungen. Zwar setzt die Industrie diese Röntgenfluoreszenzanalyse schon heute ein, aber in einem Speicherring ist das mit der tausendfachen Genauigkeit möglich.

Pharmakonzerne interessieren sich für die Funktionsweise sogenannter Inhibitoren. Diese Stoffe können bestimmte Proteine in ihrer Funktion blockieren. Mit dem »Röntgen am Ring« wollen die Firmen herausfinden, an welchen Stellen des Enzyms die Inhibitoren genau andocken. Anhand dieser Information lassen sich dann die vielversprechendsten davon für klinische Versuche herauspicken. Auch in anderer Hinsicht könnten Patienten in Zukunft von den neuen Röntgenlampen profitieren. An vielen Zentren bemühen sich Wissenschaftler um verbesserte Verfahren der Röntgendiagnose. So versucht man sich am DESY in Hamburg an einer Methode zur Untersuchung von Herzinfarktpatienten. Bei der »nichtinvasiven Koronar-Angiographie« können die Ärzte auf den ansonsten üblichen Herzkatheter verzichten und das Röntgenkontrastmittel statt dessen direkt in die Armvene spritzen – dem Patienten bleibt ein Eingriff erspart. Daß die Aufnahmen gelingen, liegt an dem ultrastarken Röntgenstrahl, mit dem die Patienten – auf einen »Schleuderstuhl« sitzend – für Sekundenbruchteile bestrahlt werden. Die bisherigen Tests verliefen erfolgversprechend. Womöglich wird das Hamburger Verfahren schon bald in die Praxis überführt, etwa zur Nachkontrolle von Bypass-Operationen.

Andere Expertenteams arbeiten an neuen Varianten der Strahlentherapie. Ihnen kommt es darauf an, den Tumor bei einer Bestrahlung möglichst stark zu schädigen, das umliegende gesunde Gewebe aber weitgehend zu schonen. An der ERSF wollen die Wissenschaftler ihre Patienten nicht wie üblich mit einem einzigen, relativ großen Röntgenstrahl beschießen, sondern mit einer Schar von haarfeinen Strahlen, die jeweils einen Zehntel Millimeter voneinander entfernt sind. Bei dieser »Mikrostrahl«-Therapie soll das gesunde Gewebe eine weit höhere Dosis verkraften können als bei der Behandlung mit einem einzigen, großflächigen Strahl. Die Hoffnung ist, daß die körpereigenen Reparaturmechanismen bei dieser Methode besser genutzt werden können, da das von den Mikrostrahlen getroffene Gewebe vom dazwischenliegenden unbeschadeten Gewebe aus repariert werden kann.

An weiteren Beschleunigerzentren nimmt man nicht den Umweg über Röntgenlicht, sondern beschießt den Tumor gleich mit Teilchen. Diese sogenannte Protonentherapie findet sich in den USA sogar schon an einigen Krankenhäusern, die sich einen Beschleuniger in Kompaktform leisten. An der Gesellschaft für Schwerionenforschung GSI in Darmstadt bestrahlt man Testpatienten sogar mit hochenergetischen Kohlenstoff-Geschossen – in der Hoffnung, die Krebsgeschwüre noch effektiver zu treffen als mit Protonen.

Das wohl gewagteste Abfallprodukt der Beschleuniger-technik wird derzeit in Genf geschmiedet – und das im wahrsten Sinne des Wortes: Ein Team um den Nobelpreisträger und langjährigen CERN-Generaldirektor Carlo Rubbia arbeitet am Konzept eines »Atommüllschluckers«. Dieser soll die langlebigen Zeitbomben aus den Kernkraftwerken in relativ harmlose Stoffe umwandeln. Die Idee hinter der sogenannten Transmutationsanlage: Ein Beschleuniger feuert intensive Protonensalven auf einen Tank mit geschmolzenem Blei. Aufgrund des Wasserstoffhagels spalten die Bleiatome Massen an Neutronen ab. Diese »Spallationsreaktion« ist hocheffektiv, im Schnitt erzeugt jedes Proton dreißig schnelle Neutronen. Das Entscheidende: Die schnellen Neutronen können selbst noch Stoffe kleinkriegen, die im Kernreaktor als nicht spaltbares Material übrigbleiben, etwa bestimmte Isotope von Plutonium, Technetium oder Jod. Damit ließe sich ein Großteil der langlebigen Isotope in stabile Elemente überführen, der Rest zumindest in kurzlebige radioaktive Substanzen mit Halbwertszeiten von einigen Jahrzehnten. Eine Jahrtausende währende Endlagerung des Atommülls wäre überflüssig. Auch Waffenplutonium könnte die »Kernmühle« von Carlo Rubbia in nichtaktive Elemente zermahlen.

Zwei Transmutationsanlagen wären notwendig, um den Atommüll von zwanzig Kernkraftwerken zu entsorgen. Außerdem soll die geplante Kernmühle eine sichere Angelegenheit sein, eine Kernschmelze wie in Tschernobyl will Rubbis getrost ausschließen: »Wir schalten den Beschleuniger aus, und die Kernreaktion ist zu Ende. Eine Kettenreaktion ist also ausgeschlossen, und damit auch ein Reaktor, der außer Kontrolle gerät.« Daß das Prinzip funktioniert, konnten die CERN-Forscher bereits im Labormaßstab demonstrieren, indem sie einige Milligramm Plutonium zerstrahlten. Demnach wären die grundsätzlichen technischen Probleme gelöst; außerdem macht Rubbia zufolge das Konzept auch wirtschaftlich Sinn: »Bei diesem Prozeß würde jede Menge Energie frei. Damit ließe sich nicht nur der gesamte Beschleuniger betreiben, es könnte sogar noch Energie ans Netz abgegeben werden.«

Aber es gibt durchaus noch offene Fragen. So haben die Forscher in der westlichen Welt kaum Erfahrung mit der Verwendung von flüssigem Blei für eine kerntechnische Anlage. Ein andere Schwierigkeit liegt in der Aufbereitung des Atommülls für seine Umwandlung in der Kernmühle. Schließlich müßten dazu radioaktive und stabile Stoffe möglichst perfekt voneinander getrennt werden. Um die Zweifel der Skeptiker zu zerstreuen und alle noch offenen technischen Fragen zu beantworten, wollen die CERN-Physiker einen Prototypen bauen. Die entsprechenden Pläne liegen schon bereit, sie sehen einen ringförmigen Protonenbeschleuniger mit einem Durchmesser von nur zehn Metern vor, der mit hoher Effizienz Wasserstoffkerne auf Trab bringt. Ein solcher Prototyp könnte innerhalb von fünf Jahren fertiggestellt sein und würde zwischen 250 und 500 Millionen Mark kosten; das Geld will Rubbia unter anderem bei der Europäischen Union eintreiben.

Beschleuniger als Superlampen, Tumorkiller und vielleicht auch als Atommüllschlucker – auf diese nützlichen Spin-offs verweisen die Teilchenphysiker oft und gerne. Aber hätte das alles nicht viel schneller und effektiver entwickelt werden können, wenn man die Milliarden gleich in anwendungsorientierte Projekte gesteckt hätte statt in die rein erkenntnisorientierte Teilchenforschung? Schon möglich. Andererseits entstehen Forschungsergebnisse eher selten am Reißbrett und können nur bedingt geplant werden. Oft sind es Kinder des Zufalls, die der Technologie von morgen entscheidende Facetten hinzufügen. Sicher wäre auch ohne das Zutun eines cleveren CERN-Forschers ein weltweites Computernetz entwickelt worden, vielleicht aber hätte die Entwicklung ein Jahr später eingesetzt – in der Computerwelt ein Zeitalter. Ebenso wäre man auch ohne Teilchenphysik darauf gekommen, daß kreisende Elektronen eine ideale Quelle für ultrastarke Röntgenstrahlen abgeben, nur hätte man ohne das Knowhow der Teilchendetektive niemals die hochgezüchteten Röntgenlampen der neuesten Generation bauen können. Sicher: Hätte man das Geld an anderer Stelle investiert, wären auch dabei interessante Zufallsprodukte herausgesprungen. Inwieweit das die Menschheit weitergebracht hätte oder nicht – darüber läßt sich nur spekulieren.

Teilchenexplosionen und Störstrahlung: die Risiken

Ein Beschleuniger bringt Teilchen auf unerhört hohe Energien, die Partikel prallen frontal zusammen und werden dabei zu Blitzen von unvorstellbarer Energiedichte. Klingt nicht gerade beruhigend. Auch der Begriff »Hochenergiephysik«, den die Experten oft und gerne als Synomym für ihr Forschungsgebiet in den Mund nehmen, verheißt nichts Gutes. Bergen die Experimente der Teilchenforschung womöglich beträchtliche Gefahren, sind die Strahlenrisiken für Angestellte und Anwohner unverantwortlich hoch? Die Antwort im Holzschnittformat: Ein Beschleuniger erzeugt tatsächlich Strahlung, aber die Risiken sind weit besser beherrschbar als bei einem Kernkraftwerk.

Die frontalen Teilchenkollisionen, um derentwillen man die Riesenmaschinen in den Boden gerammt hat, tragen so gut wie nichts zur Strahlenbelastung bei. Zwar annihilieren sich beim fatalen Rendezvous zwei Partikel zu einem Ball aus purer Energie, und würde die Welt mit dem Nanometermaßstab vermessen werden, dürfte man tatsächlich von einer Explosion sprechen. Aber aus der (extrem groben) menschlichen

Perspektive sind diese Geschehnisse viel zu winzig, um Respekt vor ihnen haben zu müssen – ähnlich wie der in China umfallende Reissack zwar Konsequenzen für eine vorbeiflanierende Ameise, nicht aber auf das sozioökokulturelle Gefüge des Globus hat. Anders gesagt: Prallen zwei Teilchen in einem Beschleuniger zusammen, so ist deren Kollisionsenergie noch kleiner als beim versehentlichen Frontalzusammenstoß zweier Mücken. Nicht zu vergessen ist, daß sich die Teilchenkollisionen stets im Inneren von Detektoren abspielen – riesige Metallklötze, die die bei einer Kollision freiwerdende Strahlung perfekt abschirmen. Auch die hochenergetischen Teilchenstrahlen an sich sind kaum gefährlich: Würden sie durch einen (nur schwer vorstellbaren) »Bruch« des Vakuumrohrs entwischen, so kämen sie nicht weit. Normale Luft wirkt auf die Teilchenstrahlen wie eine perfekte Bremse; bereits nach wenigen Metern hätte die Reise der Elektronen- oder Protonenpakete ihr Ende gefunden. Die potentiellen Gefahren der Beschleunigertechnik lauern woanders. Dort, wo die Teilchen Energie in Form gebündelter Synchrotronstrahlung abgeben, wird es ebenso ungemütlich wie an Stellen, an denen die Teilchenstrahlen gelegentlich aus der Bahn geraten, gegen die Wand des Vakuumrohrs prallen und einen sehr kurzen, aber äußerst intensiven Strahlungsblitz hervorrufen. An diesen heiklen Orten werden Jahresdosen von tausend bis zehntausend Gray gemessen; im Extremfall können es sogar mehrere Millionen sein. Zum Vergleich: Bereits eine Dosis von zehn Gray gilt als tödlich. Gray ist die Einheit der Energiedosis. Sie besagt, wieviel Energie bei einer Bestrahlung auf ein Kilogramm Materie übergeht. Aufgrund der hohen Strahlendosen sind Spaziergänge durch den Tunnel absolut tabu, wenn der Beschleuniger im Betrieb ist und die lichtschnellen Teilchen in ihm kreisen. Er darf nur dann betreten werden, wenn die Maschine zwecks Wartung oder Reparatur abgeschaltet ist.

Um zu verhindern, daß Mitarbeiter oder Gäste versehentlich in den Tunnel einer aktivierten Teilchenschleuder geraten, mußten sich die Fachleute ein ausgeklügeltes Sicherheitssystem einfallen lassen. Bevor der Beschleuniger eingeschaltet wird, gehen Suchtrupps die Tunnelkilometer ab und leuchten mit ihren Taschenlampen selbst die dunkelsten Winkel ab – es könnte theoretisch ja noch ein übereifriger Mechaniker letzte Hand an eine der ungezählten Schraubverbindungen anlegen wollen. Außerdem machen blinkende Warnlampen und mehrsprachige Lautsprecherdurchsagen auf den anstehenden Start aufmerksam. Erst wenn sich die Mitarbeiter des Suchtrupps davon überzeugt haben, daß der Tunnel menschenleer ist, dürfen sie die »Schotten dichtmachen«. Für den unwahrscheinlichen Fall, daß jemand bei der Durchmusterung übersehen wurde, kann der »blinde Passagier« einen der Notschalter drücken und das Anfahren der Maschine stoppen. Läuft der Beschleuniger dann, verhindert ein Spezialmechanismus namens »Interlock-System« das Betreten des Tunnels: Die Zugangstüren zum Beschleuniger sind durch elektrische Kontakte gesichert; reißt sie jemand trotz deutlich sichtbarer Warnlampen und -schilder auf, so schaltet sich die Maschine unverzüglich ab.

Hier zeigt sich der Hauptunterschied zwischen einem Beschleuniger und einem Kernkraftwerk: Zieht man den Stecker einer Teilchenschleuder, so ist auch die Strahlung verschwunden. Schaltet man ein Kernkraftwerk ab, so »glüht« es noch einige Zeit weiter – immerhin enthält es den Nuklearbrennstoff für Monate.

Dafür, daß die Strahlung eines Beschleunigers im Tunnelinneren bleibt und nicht nach außen dringt, sorgen die zwei Meter starken Betonwände. Sie schirmen die Röntgenstrahlen bis auf ein verträgliches Maß ab. So messen die Experten in den unterirdischen Experimentierhallen von HERA pro Jahr eine Dosis von ein bis fünf Millisievert, die zum sowieso vorhandenen, natürlichen Strahlenniveau von zwei bis drei Millisievert dazukommen. Ähnlich wie das Gray gibt das Sievert eine Dosis an, berücksichtigt zusätzlich aber die biologische Wirksamkeit einer bestimmten Strahlungsart. Zusatzbelastungen von drei Millisievert gelten gemeinhin als unbedenklich, der Grenzwert für beruflich strahlenexponierte Personen erlaubt eine Dosisbelastung von immerhin fünfzig Millisievert.

Anwohner eines Teilchenforschungszentrums müssen noch weniger mit einer erhöhten Strahlenbelastung rechnen. Zwischen dem unterirdischen Beschleuniger und dem nächstgelegenen Einfamilienhaus liegen viele Meter Erdreich; sie verschlucken die aus dem Betontunnel dringende Reststrahlung vollends. Das bestätigen auch die Dosimeter, mit denen die Strahlenschutzexperten des DESY die Grenzen ihres Geländes überwachen: Noch nie haben sie Werte oberhalb des natürlichen Strahlenpegels von zwei bis drei Millisievert registriert.

Bleibt noch das Problem, daß Materialien an bestimmten Stellen eines Beschleunigers »aktiviert« werden. Der Grund: Einige Bauteile sind einem stetigen Beschuß mit hochenergetischen Teilchenstrahlen ausgesetzt und wandeln sich im Laufe der Zeit in radioaktive Stoffe um. Ein Beispiel dafür ist das »Protonengrab« des HERA-Beschleunigers. Der fünf Meter lange Zylinder nimmt die nicht mehr benötigten Wasserstoffkerne auf, gerät also beabsichtigt unter regelmäßigen Teilchenbeschuß. Unter der Protonendusche wird ein Teil des Materials radioaktiv und beginnt schwach zu strahlen. Typische Dosen liegen hier bei zehn bis fünfzig Mikrosievert pro Stunde, das entspricht in etwa dem Hundertfachen der natürlichen Strahlung. Deswegen kennzeichnen die DESY-Sicherheitsfachleute radioaktive Bauteile wie das Protonengrab als »Kontrollbereich«, und in diesem haben Unbefugte nichts zu suchen.

Ebenso wichtig: Die aktivierten Materialien strahlen nicht Jahrtausende oder gar Jahrmillionen wie der Müll eines Kernkraftwerks; die in einem Beschleuniger entstehenden Mangan- und Cobaltisotope haben eine maximale Halbwertszeit von fünfeinhalb Jahren. Das bedeutet, daß die schwach radioaktiven Komponenten oft gar nicht erst aus dem Beschleuniger ausgebaut werden müssen. Sollen sie dann doch – etwa aus Altersgründen – auf den Müll, parken sie die DESYaner auf der betriebseigenen Abstellfläche. Nach etwa zwei Jahrzehnten haben sich die Bauteile auf ein vertretbares Maß »abgeregt«, können wiederverwertet oder der gewöhnlichen Schrottpresse überantwortet werden. Die Sicherheitsstrategien der Strahlenschutzexperten scheinen aufzugehen: Noch nie ist bei Anlagen wie HERA ein ernster Strahlenunfall passiert, noch nie wurde ein Wissenschaftler von der hochintensiven Röntgenstrahlung unmittelbar verletzt oder gar getötet. Offensichtlich ist es den Verantwortlichen auch gelungen, das äußerst geringe Risikopotential ihrer Wissenschaftsmaschinen der Öffentlichkeit zu vermitteln: Selbst vor dem Bau des HERA-Beschleunigers, der zum Teil direkt unter Wohngebieten verläuft, gab es keine nennenswerten Proteste der Bevölkerung.

Der Wettlauf um den Nobelpreis

20. Juli 1969: »Ein kleiner Schritt für einen Mann, ein großer Schritt für die Menschheit.« Als Neil Armstrong als erster Vertreter des Homo sapiens die Oberfläche des Mondes betritt, hocken auf seinem Heimatplaneten Millionen seiner Artgenossen vor den Bildschirmen und verfolgen gespannt das Geschehen. Die Amerikaner jubeln, die Russen sind enttäuscht; hier wie dort zieht das Wettrennen der bemannten

Raumfahrt die Massen in seinen Bann. Eine derartige Aufmerksamkeit ist der Teilchenforschung nie zuteil geworden, dennoch spielen Prestigedenken und Nationalstolz auch bei der Suche nach dem Kleinsten eine gewichtige Rolle. Auch um der Entdeckung winzigster Teilchen willen wurden Wettrennen ausgetragen, zumeist zwischen Europa und Amerika.

Der Hintergrund: In der Teilchenphysik gibt es was zu gewinnen, seit Mitte der fünfziger Jahre wurden nicht weniger als 15 Nobelpreise für Errungenschaften der Teilchenforschung vergeben – im Durchschnitt also jeder dritte Physiknobelpreis. Für Politik und Öffentlichkeit ist eine Auszeichnung der Königlich-Schwedischen Akademie der mit Abstand sichtbarste Ausdruck einer wissenschaftlichen Glanztat. Worum es in den preisgekrönten Arbeiten geht, ist nebensächlich – wenn ein Forscher den Nobelpreis in Empfang nehmen darf, erreicht in seiner Heimat die Anzahl der stolzgeschwellten Brüste annähernd das gleiche Ausmaß wie bei der Vergabe einer olympischen Goldmedaille. Aus diesem Grund spielen die Lorbeeren aus Stockholm bei der Bewilligung öffentlicher wie privater Geldmittel keine unmaßgebliche Rolle, und deshalb war es nicht zuletzt die Jagd nach Nobelpreisen, die die Großprojekte der Teilchenforschung immer auch zu nationalen oder kontinentalen Prestigeprojekten hat werden lassen.

So bauten Anfang der siebziger Jahre das DESY in Hamburg und das kalifornische Teilchenforschungszentrum SLAC zwei vergleichbare Beschleuniger um die Wette. Die Amerikaner waren mit ihrem SPEAR-Beschleuniger 1972 die ersten, entdeckten daraufhin das Charm-Quark und heimsten den Nobelpreis ein – die DESYaner hatten mit ihrem DORIS-Beschleuniger das Nachsehen. Die nächste Runde ging nach Hamburg: 1978 lief der Speicherring PETRA an und fand das »Klebeteilchen« Gluon – eine spektakuläre, wenngleich (noch) nicht preisgekrönte Entdeckung. Diesmal waren es die

Amerikaner, die mit ihrem kalifornischen PEP-Beschleuniger als zweite durchs Ziel gingen.

Ende der achtziger Jahre kündigte sich ein weiterer, weitaus schwergewichtigerer Wettlauf an: Die US-Physiker bastelten an den Plänen für den größten Beschleuniger aller Zeiten, den 87 Kilometer umfassenden SSC in Texas. Gleichzeitig arbeiteten die Experten des CERN an den Blaupausen für den 27 Kilometer großen LHC, der im bereits vorhandenen LEP-Tunnel Platz finden soll. Beide Beschleuniger sollten ab 1999 Protonen aufeinanderfeuern, dabei in vergleichbare Energiebereiche vorstoßen und dieselben Teilchen aufspüren: Higgs und SUSY. Doch der Wettlauf war bald zu Ende. Obwohl schon die ersten Baugruben ausgehoben waren, stoppten die US-Politiker das SSC-Projekt im September 1993. Rund 18 Milliarden Mark an Kosten waren dem amerikanischen Kongreß letztlich doch zuviel. Außerdem war kurz zuvor der Bau der Internationalen Raumstation bewilligt worden, und die gleichzeitige Umsetzung zweier wissenschaftlicher Renommierprojekte erschien den Verantwortlichen wohl als übertrieben.

Für die amerikanische Physikergemeinde war der SSC-Stopp ein enormer Schock. Die meisten der Beteiligten hätten ihn nie für möglich gehalten, waren doch schon gewaltige Investitionen nach Texas geflossen. Manch einer hatte dem Beschleunigergiganten lange Jahre seiner wissenschaftlichen Laufbahn geopfert. »Bei einigen dauerte es Monate, bis sie sich einigermaßen von der Enttäuschung erholt hatten – so wie nach einem Todesfall in der Familie«, beschreibt der US-Physiker James Pilcher die damalige Seelenlage seiner Kollegen.

Als das amerikanische Konkurrenzprojekt gestorben war, hatten auch die Europäer plötzlich Zeit. Zwar einigten sich die 19 Mitgliedsstaaten des CERN Ende 1994 darauf, den LHC tatsächlich zu bauen, aber ohne die texanische Riesen-

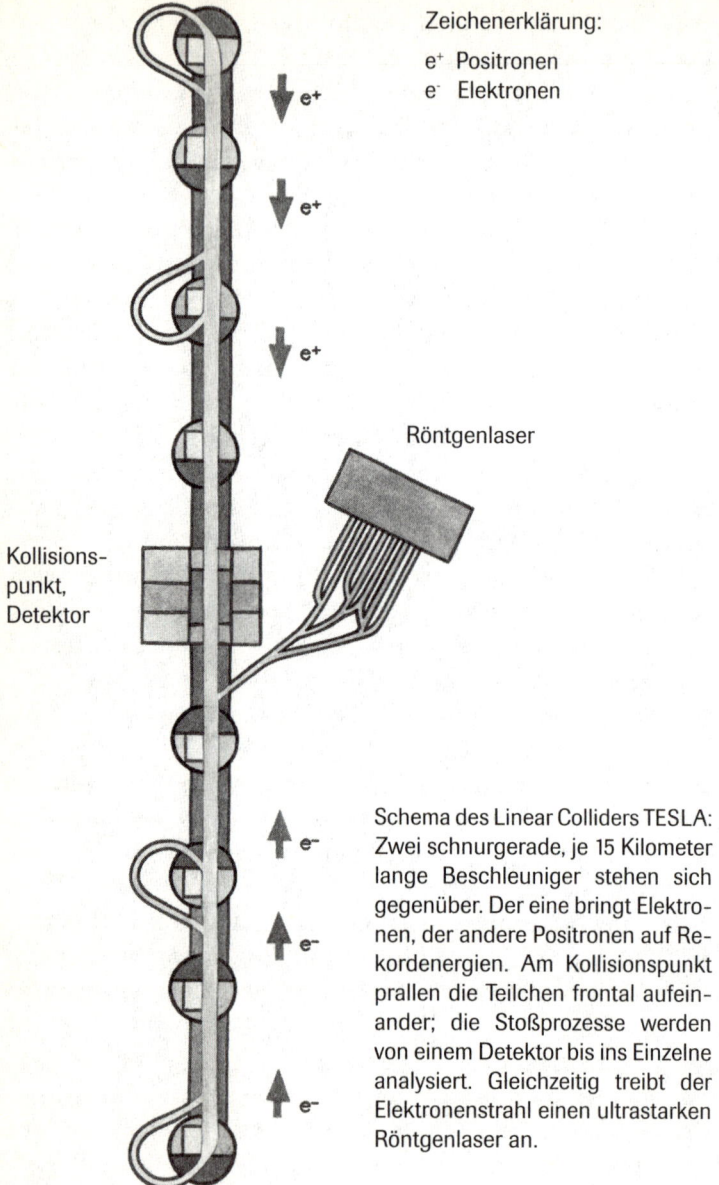

Zeichenerklärung:

e⁺ Positronen
e⁻ Elektronen

Röntgenlaser

Kollisions-
punkt,
Detektor

Schema des Linear Colliders TESLA: Zwei schnurgerade, je 15 Kilometer lange Beschleuniger stehen sich gegenüber. Der eine bringt Elektronen, der andere Positronen auf Rekordenergien. Am Kollisionspunkt prallen die Teilchen frontal aufeinander; die Stoßprozesse werden von einem Detektor bis ins Einzelne analysiert. Gleichzeitig treibt der Elektronenstrahl einen ultrastarken Röntgenlaser an.

ring-Konkurrenz im Nacken reichte es plötzlich völlig aus, dem Higgs-Teilchen nicht mehr in diesem Jahrhundert, sondern erst im Jahre 2005 auf die Schliche zu kommen. Im übrigen strömten nach dem Aus des SSC viele der ihres Projekts beraubten US-Forscher nach Genf, um an den Experimenten dort mitzumachen. Die dazugehörige Forschungsmitgift in Form von 530 Millionen harten Dollars floß jedoch erst Jahre später über den Atlantik, die US-Regierung hatte sich lange geziert, ihren gut 550 Teilchen-Dissidenten das nötige Taschengeld mit auf den Weg zu geben. Unter anderem hatten die amerikanischen Beschleunigerzentren um ihre Pfründe gebangt, falls beträchtliche Gelder nach Europa fließen würden.

Damals wie heute ist mancher Physiker geradezu erleichtert, daß nur eine der beiden milliardenschweren Anlagen gebaut wird. Nicht wenige meinen, daß die immer teurer werdenden Beschleuniger nur noch in internationaler Absprache errichtet werden sollten, entweder als gemeinsame »Weltmaschinen« oder doch wenigstens hübsch abwechselnd auf den verschiedenen Kontinenten verteilt. Ein mögliches Muster: Die kommende Anlage in Europa, die nächste in den USA, die darauffolgende vielleicht in Japan. Doch bereits der nächste Schritt droht zum Wettlauf statt zur Weltmaschine zu werden. An verschiedenen Zentren der Welt arbeiten Physiker an den Plänen für einen »Linear Collider«. Dieser soll Elektronen mit einer Energie von bis zu einer Billion Elektronenvolt auf Positronen feuern und damit das Fünffache des derzeitigen Rekordhalters LEP erreichen, dem 27 Kilometer umfassenden Elektronen-Positronen-Speicherring bei Genf.

Damit wird der geplante Linear-Collider zwar nur ein Zehntel der Energie der in Bau befindlichen Protonenschleuder LHC aufbringen, aber die Stoßprozesse wären bei den hochenergetischen Elektron-Positron-Kollisionen viel sauberer und besser zu analysieren als bei den »schmutzigen« Protonenstößen im LHC. Das bedeutet: Der Protonenbeschleuniger LHC soll als »Entdeckungsmaschine« für Teilchen wie Higgs oder SUSY fungieren, der Linear Collider hingegen als »Präzisionsinstrument«, mit dem sich die neuen Teilchen dann im Detail untersuchen lassen.

Mit Japan, Deutschland und den USA arbeiten gleich drei Nationen an den Plänen für einen Linear Collider. Wie der Name der Maschine schon andeutet: Statt der üblich gewordenen Kreisform sollen die Beschleuniger der übernächsten Generation schnurgerade sein und sich über eine Länge von zwanzig bis 33 Kilometern erstrecken. Eigentlich handelt es sich um zwei Beschleuniger: Die eine Hälfte soll Elektronen, die andere Positronen praktisch auf Lichtgeschwindigkeit bringen. Beide Teile werden sich frontal gegenüberstehen – wie zwei Bleistifte, die man so auf den Tisch legt, daß sie sich mit ihren Spitzen berühren. Dort, wo sich beide Hälften berühren, sollen Elektronen und Positronen mit bislang unerreichter Wucht aufeinanderprallen. Die dabei entstehenden Teilchen versuchen die Physiker wie üblich mit riesigen Detektoren nachzuweisen.

Die Devise »gerade statt krumm« hat natürlich ihren Grund. Das Konzept der Elektronenspeicherringe hat sich zwar über Jahre hinweg bewährt, dürfte aber für die Zukunft nicht mehr taugen. Schließlich verlieren die Elektronen in jeder Runde Energie in Form von Synchrotronstrahlung, und je schneller man sie beschleunigen will, desto stärker werden sie wieder abgebremst. Aus dieser Zwickmühle befreien sich die Physiker bislang mit immer größeren Kreisbeschleunigern. In deren sanften Kurven verlieren die Teilchen weniger Energie als in einem kleinen Ring mit großer Krümmung. Nun aber scheint das Ende der Fahnenstange erreicht. Ein größerer Elektronen-Speicherring als der 27 Kilometer große LEP wäre viel zu teuer.

Der unerwünschte Strahlungsverlust wird natürlich vermieden, wenn die Elektronen schnurstracks aufeinanderzurasen. Aber diese Strategie hat auch ihre Nachteile: Bei einem Geradeaus-Beschleuniger können Elektronen und Positronen ihre Rennstrecke nur ein einziges Mal durchlaufen und müssen daher wesentlich effektiver als bei einem Speicherring beschleunigt werden. Ein weiteres Problem liegt darin, die Teilchen überhaupt zur Kollision zu bringen. Elektronen und Positronen sind derart winzig, daß es extrem schwierig ist, sie frontal aufeinanderzulenken. Deshalb sollen spezielle Magnetlinsen den Strahl auf eine Höhe von drei Millionstel Millimetern zusammenpressen, damit die Wahrscheinlichkeit steigt, daß zwei Teilchen aufeinandertreffen.

Trotz dieser technischen Schwierigkeiten gilt das Konzept des Linear Colliders als so vielversprechend, daß sowohl Japan und die USA als auch Deutschland an den entsprechenden Blaupausen arbeiten. Während der japanische JLC (Japan Linear Collider) und der amerikanische NLC (Next Linear Collider) im wesentlichen baugleich sind, setzen die Physiker am DESY in Hamburg auf ein Alternativkonzept. TESLA (Terraelektronenvolt-Superconducting-Linearaccelerator) soll auf einer Länge von 33 Kilometern mit supraleitenden Beschleunigerröhren ausgerüstet sein, in denen der Strom völlig verlustfrei fließen kann. Der Vorteil gegenüber den normalleitenden »Kavitäten« aus Kalifornien und Japan: TESLA kann den Strom aus der Steckdose viel effektiver in Beschleunigerleistung umwandeln. Der Nachteil: Die Technik ist komplexer, allein schon wegen der gigantischen Kühlanlage für das minus 270 Grad kalte Kühlmittel Helium.

Ein weiterer Unterschied: Im Gegensatz zu den Konzepten aus Japan und den USA soll der Hamburger Beschleuniger zusätzlich als Röntgenlaser fungieren. Im Prinzip bringt ein spezieller Zusatzmagnet die hochenergetischen Elektronenpäckchen ins Schlingern und zwingt sie zum Aussenden eines extrem intensiven Röntgenstrahls. Der ist bis zu hundert Millionen Mal stärker als die heutigen Röntgenquellen und hat zudem Eigenschaften von Laserlicht. Das Ergebnis wäre eine Superlampe, mit der sich unter anderem Röntgenhologramme von Biomolekülen wie etwa Proteinen aufnehmen lassen. TESLA würde also nicht nur der Teilchenphysik nützen, sondern auch Medizinern, Biologen und Festkörperforschern neue Perspektiven eröffnen.

Um das Jahr 2001 sollen die im Detail ausgearbeiteten Projektvorschläge aus Hamburg, Japan und den USA auf dem Tisch liegen. Ob sich bis dahin die normalleitende Technik aus Übersee oder das supraleitende Konzept aus Hamburg als überlegen erweist, scheint heute noch völlig offen. Sollten sich die Politiker zu einer raschen Bewilligung durchringen, könnte der Superbeschleuniger Ende des nächsten Jahrzehnts fertig sein. Allerdings dürfte mit Investitionen von mindestens fünf Milliarden Mark ein Linear Collider für ein rein nationales Projekt gleich zwei Nummern zu groß sein. »Es wird wohl nur eine Maschine geben«, meint SLAC-Direktor Burt Richter. »Aus wissenschaftlicher Sicht sind zwei oder gar drei Maschinen auch gar nicht zu rechtfertigen!«

Nicht zuletzt deshalb gibt es schon heute Plänkeleien um den Standort. So wird den Japanern die Erfahrung abgesprochen, erfolgreich ein internationales Großprojekt zu beherbergen, andere weisen darauf hin, daß in Japan wie in Kalifornien die Erdbebengefahr für eine hochsensible Geradeaus-Rennstrecke viel zu groß sei. Und den europäischen Physikern traut kaum jemand zu, überhaupt das Geld für einen Linear Collider lockermachen zu können, schließlich fließen die Euro-Forschungsmittel in den nächsten Jahren bereits in den Bau des Großbeschleunigers LHC.

In der Tat spricht einiges für ein Bündnis zwischen Amerika und Japan. Beide Konzepte sind sehr ähnlich, und für eine gemeinsame technische Planung gibt es bereits konkrete Abkommen. Schwierigkeiten könnte die Rollenverteilung zwischen den potentiellen Partnern bringen: Die Japaner – mit großem Ehrgeiz bei der Sache – wollen bei dem Projekt eine führende Rolle spielen und sich von den US-Forschern nicht als Juniorpartner unterkriegen lassen. Ebendieses befürchten manche und sprechen sich deshalb lieber für eine Kooperation mit China, Korea und anderen südostasiatischen Ländern aus.

Doch auch die deutschen Teilchenforscher wollen ihren Linear Collider bauen – und zwar auf eigenem Terrain. Der Plan: TESLA soll sich vom DESY-Gelände aus 33 Kilometer in nordwestliche Richtung erstrecken, der unterirdische Kollisionspunkt liegt in der Nähe des schleswig-holsteinischen Dorfes Ellerhoop. Der Finanzierungsplan sieht vor, daß Deutschland als Sitzland etwa die Hälfte der Kosten trägt, während die andere Hälfte aus dem Ausland eingeworben wird. Ob der Plan aufgeht, wird nicht zuletzt vom Engagement ausländischer Forschungsinstitute abhängen. Als Lockvogel soll vor allem TESLAs Zwitterfunktion als Teilchenmaschine und Röntgenlaser dienen. Die Kombination beider Projekte soll eine Finanzierung des Megaprojekts schlicht greifbarer machen. Zwar demonstrieren die Hamburger nach wie vor ihre Bereitschaft, sich mit den USA und Japan auf eine gemeinsame Maschine zu einigen. Dennoch denkt man am DESY bereits über einen europäischen Alleingang nach. Das Hin und Her wird verständlich, bedenkt man, daß es für Forschungszentren wie DESY und SLAC letztlich um die langfristige Sicherung ihres Bestandes geht. Bekommen die Einrichtungen keine neuen Großprojekte zugesprochen, so dürften sie sich in absehbarer Zeit vom Podest der internationalen Spitzenforschung verabschieden und in die (mitunter bestandsgefährdende) Mittelmäßigkeit abtauchen.

Von der ursprünglichen Idee jedenfalls, erstmals in der Geschichte der Teilchenphysik eine gemeinsame Weltmaschine zu bauen, scheinen die Forschermächte Japan, Europa und

USA derzeit ein gutes Stück entfernt. Zumindest momentan ist nicht auszuschließen, daß eines Tages zwei dieser gigantischen Anlagen ihren milliardenteuren Betrieb aufnehmen. Und so könnten national-kontinentale Interessen auch zukünftig die an sich zweckfreie Suche nach Higgs, SUSY und den Superstrings bestimmen. Als ob eines dieser Teilchen irgend jemandem gehören würde ...

Glossar

Allumfassende Theorie
Das definitive Ziel der Teilchendetektive. Eine »Theorie von Allem« könnte den gesamten Mikrokosmos auf einen Schlag erklären; insbesondere brächte sie alle vier Naturkräfte unter einen Hut. Das Problem: Bislang hat noch kein Physiker eine Allumfassende Theorie entdeckt. Als aussichtsreichste Kandidaten gelten heute die Superstrings.

Antimaterie
Die »gespiegelte« Form von Materie. Zu jedem Teilchen existiert ein Antiteilchen mit entgegengesetzter Ladung. Treffen Teilchen und Antiteilchen aufeinander, so vernichten sie sich und zerstrahlen zu purer Energie.

Beschleuniger
Sie bringen Elektronen oder Protonen praktisch auf Lichtgeschwindigkeit, um sie frontal aufeinanderzuschießen. Aus der Analyse dieser mikroskopischen Kollisionen versuchen die Physiker, den grundlegenden Aufbau der Materie zu enträtseln.

CERN
Das »Europäische Laboratorium für Teilchenphysik« in Genf ist das größte Forschungszentrum seiner Art. Es beherbergt den derzeit gewaltigsten Beschleuniger der Welt, den 27 Kilometer umfassenden »Large Electron Positron« Collider LEP.

DESY
Das »Deutsche Elektronen-Synchrotron« in Hamburg ist das bundesdeutsche Mekka der Teilchenjäger. Sein Paradepferd ist der

HERA-Beschleuniger, die weltweit einzige Maschine, die Elektronen auf Protonen schießt.

Detektoren

Riesige Nachweisinstrumente für Teilchenkollisionen. Sie analysieren die hochenergetischen Zusammenstöße zwischen den Partikeln und liefern damit die entscheidenden Hinweise für den grundlegenden Aufbau der Materie.

Elektromagnetische Kraft

Sie herrscht zwischen Elektronen, aber auch zwischen Quarks. Die elektromagnetische Kraft kennt zwei verschiedene Ladungen, positiv und negativ («plus« und »minus«). Sie spielt nicht nur im Mikrokosmos, sondern auch im Alltag einen bedeutende Rolle – überall dort, wo elektrische Ströme fließen, elektrische Spannungen anliegen oder magnetische Kräfte wirken.

Elektronen

Negativ geladene und nach heutigem Stand punktförmige Elementarteilchen. Elektronen sind etwa 2000 Mal leichter als Protonen, bauen die Atomhülle auf und sind deshalb für nahezu alle chemischen und biochemischen Prozesse verantwortlich. Für Teilchenforscher sind Elektronen beliebte Geschosse, um die Struktur der Materie zu erkunden.

Gluonen

»Klebeteilchen«, die blitzschnell zwischen Quarks hin und her flitzen und dabei die starke Kraft übertragen.

Gravitation

Die Schwerkraft wirkt zwischen massebehafteten Partikeln. Sie regiert das Geschehen im ganz Großen und beherrscht die Bewegung von Planeten, Sonnen und Galaxien. Im Mikrokosmos aber spielt die Gravitation keine Rolle, dazu ist sie schlicht zu schwach – es sei denn, man hat es mit kosmischen Besonderheiten wie dem Urknall oder einem Schwarzen Loch zu tun.

Große Vereinheitlichte Theorie
Eine Hypothese, gemäß der elektromagnetische, schwache und starke Kraft keine voneinander getrennten Phänomene darstellen, sondern verschiedene Ausprägungen einer einzigen »Urkraft«.

Higgs
Der Higgs-Mechanismus erklärt, auf welche Weise Teilchen überhaupt zu ihrer Masse kommen: Er erlaubt es den Partikeln, das Vakuum »anzuzapfen« und sich mit Energie vollzusaugen. Trifft diese Vorstellung zu, so müßte es auch ein Higgs-Teilchen geben. Ebendieses wollen die Physiker mit neuen Beschleunigern wie dem LHC aufspüren.

LHC
Der »Large Hadron Collider« soll ab dem Jahre 2005 in Genf Protonen mit bis dato unerreichter Energie aufeinanderfeuern. Mit der Rekordmaschine wollen die Physiker das Higgs-Teilchen entdecken und womöglich sogar SUSY-Partikel aufspüren.

Linear Collider
Schnurgerader Beschleuniger, der Elektronen auf Positronen feuert. Auf dieses Konzept setzen die Physiker in Zukunft: Linear Collider sollen die heutigen Speicherringe wie LEP am CERN ersetzten.

Neutrinos
Die flüchtigsten aller Elementarteilchen. Die Geister reagieren weder auf die elektromagnetische noch auf die schwache oder die starke Kraft. Seit kurzem vermuten die Forscher, daß Neutrinos eine Masse haben. Sollten sie tatsächlich »schwer« sein, halten sie womöglich sogar als »kosmischer Klebstoff« das Universum zusammen.

Photonen

»Lichtteilchen«, aus denen nicht nur sämtliche elektromagnetische Strahlung besteht, sondern die auch für die Übertragung der elektromagnetischen Kraft sorgen.

Positronen

Die Antiteilchen der Elektronen. Sie haben exakt die gleiche Masse wie Elektronen, tragen aber die entgegengesetzte elektrische Ladung, sind also positiv statt negativ.

Protonen

Die Kerne von Wasserstoffatomen, zusammengesetzt aus drei Quarks. Die Physiker schießen sie in Protonenbeschleunigern mit voller Wucht aufeinander, um den fundamentalen Aufbau der Materie zu enträtseln.

Quarks

Nach heutiger Erkenntnis sind sie (gemeinsam mit den Elektronen) die fundamentalen Bausteine der Materie. Es gibt insgesamt sechs Quarksorten. Aber nur zwei von ihnen bauen die gewöhnliche, uns umgebende Materie auf.

Schwache Kraft

Sie verursacht radioaktive Zerfallsprozesse und ermöglicht die Verschmelzung von Atomkernen. Ihre Reichweite ist ausgesprochen kurz, deshalb wirkt die schwache Kraft nur zwischen Elementarteilchen.

Speicherringe

Kreisförmige Beschleuniger, in denen Teilchenpakete über Stunden und Tage ihre Runden drehen und dabei immer wieder zur Kollision gebracht werden können. Der Nachteil: In jeder Kurve verlieren die Teilchen einen Teil ihrer Energie als Synchrotronstrahlung.

Standardmodell

Eine Theoriesammlung, die den derzeit gesicherten Stand der Teilchenforschung zusammenfaßt. Das Standardmodell basiert im wesentlichen auf den Quarks und den Elektronen und behandelt drei der vier bekannten Naturkräfte.

Starke Kraft

Sie hält die Quarks zusammen. Ihr Verhalten entspricht dem einer Stahlfeder: Je weiter man zwei Quarks auseinanderbringen will, desto stärker wird die Kraft zwischen ihnen. Allerdings wirkt die starke Kraft nur über unvorstellbar kurze Distanzen.

Superstrings

Eine Theorie, die nicht von punktförmigen Elementarteilchen, sondern von unmeßbar kleinen Saiten als den letzten Grundbausteinen der Welt ausgeht. Indem sie hin und her schwingen, bilden Strings die herkömmlichen Teilchen wie Quarks und Elektronen. Manch ein Fachmann sieht in den winzigen Saiten den derzeit aussichtsreichsten Kandidaten für eine Allumfassende Theorie.

SUSY (Supersymmetrie)

Eine wesentliche, jedoch bislang hypothetische Erweiterung des Standardmodells. SUSY bringt die Phänomene »Kräfte« und »Materie« unter ein Dach und macht die Physik damit symmetrischer. Der Beweis für die Supersymmetrie wäre die Existenz von SUSY-Teilchen, die Beschleuniger wie der LHC entdecken sollen.

Synchrotronstrahlung

Sie entsteht, wenn lichtschnelle Teilchen in einem Beschleuniger um die Kurve fliegen. Den Teilchenforschern ist sie ein Dorn im Auge, da sie mit einem beträchtlichen Energieverlust verbunden ist. Andere Wissenschaftler hingegen nutzen den gebündelten, hochintensiven Röntgenstrahl zum Durchleuchten von High-Tech-Materialien und Biomolekülen.

Weltformel
Bereits Physikerlegenden wie Albert Einstein und Werner Heisenberg träumten von einer einzigen, prägnanten Formel, die den gesamten Mikrokosmos erklärt. Die Weltformel wäre das Rückgrat der heißersehnten »Allumfassenden Theorie«, ist aber bislang noch völlig unbekannt.

W-Teilchen, Z-Teilchen
Ziemlich schwere Partikel, die für die Übertragung der starken Kraft verantwortlich sind.

Weitere Literatur

Einen umfassenden Abriß über die Chronologie der Teilchenphysik präsentieren Oskar Höfling und Pedro Waloschek in ihrem Buch ›Die Welt der kleinsten Teilchen‹ (Rowohlt, Reinbek, 1984). Ausführlich beschreiben sie den Weg der modernen Physik von der Entstehung des Atombegriffs bis hin zur Etablierung des Standardmodells.

Herwig Schopper ist der ehemalige Generaldirektor des Europäischen Laboratoriums für Teilchenphysik CERN in Genf und geht in seinem Werk ›Materie und Antimaterie‹ (Piper, München, 1989) naturgemäß vor allem auf die großen Entdeckungen am CERN ein.

Wer sich für Deutschlands größte Wissenschaftsmaschine interessiert, begleitet Pedro Waloschek auf seiner ›Reise ins Innerste der Materie‹ (Deutsche Verlags-Anstalt, Stuttgart, 1991). In diesem Werk werden Aufbau, Sinn und Zweck des Hamburger HERA-Beschleunigers im Detail beschrieben. Vom gleichen Autor gibt es unter dem Titel ›Neuere Teilchenphysik – einfach dargestellt‹ (Aulis Verlag Deubner & Co, Köln, 1991) eine bündige, mit diversen mathematischen Formeln angereicherte Darstellung des Standardmodells.

›Superstrings. Eine Allumfassende Theorie?‹ fragen Paul Davies und Julian R.Brown (Birkhäuser, Basel, 1989). Große Teile des Buches sind in Form von Interviews gehalten, wobei die Herausgeber sowohl prominente Befürworter als auch beredte Kritiker der Strings-Theorie zu Worte kommen lassen.

Den engen Zusammenhang zwischen Kosmologie und Teilchen-physik verdeutlichen zwei »Klassiker« des Sachbuchs.

In ›Die ersten drei Minuten‹ (dtv, München, 1980) zeichnet der Nobelpreisträger Steven Weinberg die Geburt des Universums aus der Sicht des theoretischen Physikers nach.

Auch das vielleicht berühmteste populärwissenschaftliche Buch aller Zeiten widmet sich dem Beginn des Weltalls: Stephen W. Hawking erzählt

›Eine kurze Geschichte der Zeit‹ (Rowohlt, Reinbek, 1991) und un-terbreitet seinen Lesern faszinierende, wenn auch umstrittene Szen-arien von Ursprung und Ende des Universums.

›Die verbogene Raumzeit‹ von Harald Fritzsch (Piper, München, 1996) widmet sich der vertrautesten der vier Naturkräfte – und läßt in fiktiven Dialogen Albert Einstein, Isaac Newton und (die Phantasiegestalt) Adrian Haller über physikalische Grundlagen-probleme diskutieren.

In ›Die Natur der Natur‹ (Spektrum Akademischer Verlag, Heidel-berg, 1993) beleuchtet der Astronomieprofessor John D. Barrow die moderne Physik inklusive der Teilchenforschung aus einem eher philosophischen Blickwinkel.

Nobelpreisträger und »Quarks«-Erfinder Murray Gell-Mann geht in ›Das Quark und der Jaguar‹ (Piper, München, 1994) seinen ganz eigenen Weg und bemüht sich um eine (letztlich spekulative) Ver-knüpfung der Teilchenphysik mit den komplexen Prozessen aus Biologie, Informationstheorie und Sozialwissenschaften.

Danksagung

Wertvolle Informationen und Anregungen verdanke ich folgenden Menschen: Petra Folkerts, Ralf Krenzin, Jochen Bartels, Wolfgang Busjan, Brunhilde Racky (alle DESY), Renilde Vandenbroeck, Neil Calder, Jürgen Brunner (CERN), Christiane Knoll (DLF) sowie natürlich Margrit und Lilian.

Register

Naturwissenschaftliche Einführungen im <u>dtv</u>

Herausgegeben von Olaf Benzinger

Naturwissenschaft im dtv

John D. Barrow
Warum die Welt mathematisch ist
dtv 30570

William H. Calvin
Der Strom, der bergauf fließt
Eine Reise durch die Chaos-Theorie
dtv 36077
Die Symphonie des Denkens
dtv 30467
Wie der Schamane den Mond stahl
Auf der Suche nach dem Wissen der Steinzeit
dtv 33022

Chaos, Quarks und Schwarze Löcher
Das ABC der neuen Wissenschaften
Hrsg. von Ib Ravn
dtv 33011

Jack Cohen, Ian Stewart
Chaos und Antichaos
Ein Ausblick auf die Wissenschaft des 21. Jhs.
dtv 33003

Richard E. Cytowic
Farben hören, Töne schmecken
Die bizarre Welt der Sinne
dtv 30578

Antonio R. Damasio
Descartes' Irrtum
Fühlen, Denken und das menschliche Gehirn
dtv 33029

Hoimar von Ditfurth
Die Wirklichkeit des Homo sapiens
Naturwissenschaft und menschliches Bewußtsein
dtv 33000
Im Anfang war der Wasserstoff
dtv 33015

Hans Jörg Fahr
Zeit und kosmische Ordnung
Die unendliche Geschichte von Werden und Wiederkehr
dtv 33013

Karl Grammer
Signale der Liebe
Die biologischen Gesetze der Partnerschaft
dtv 33026

Jean Guitton, Grichka und Igor Bogdanov
Gott und die Wissenschaft
Auf dem Weg zum Meta-Realismus
dtv 33027

Naturwissenschaft im dtv

Stephen Hart
Von der Sprache der Tiere
dtv 33012

Gerald Hühner
»Zwei mal zwei ist vier?«
Mutmaßungen über
Selbstverständliches
dtv 33004

Lawrence M. Krauss
**»Nehmen wir an, die Kuh
ist eine Kugel ...«**
Nur keine Angst vor
Physik · dtv 33024

Philip Johnson-Laird
Der Computer im Kopf
Formen und Verfahren der
Erkenntnis · dtv 30499

Josef H. Reichholf
**Das Rätsel der
Menschwerdung**
Die Entstehung des
Menschen im Wechselspiel
mit der Natur · dtv 33006

Paul Scheipers
**Menschen, Mars und
Moleküle**
Ein naturwissenschaftli-
ches Kaleidoskop
dtv 33023

Ian Stewart
**Die Reise nach
Pentagonien**
16 mathematische Kurz-
geschichten · dtv 33014

Frederic Vester
**Denken, Lernen,
Vergessen**
Was geht in unserem Kopf
vor? · dtv 33045
Neuland des Denkens
Vom technokratischen
zum kybernetischen
Zeitalter · dtv 33001

Was treibt die Zeit?
Entwicklung und
Herrschaft der Zeit in
Wissenschaft, Technik
und Religion
Hrsg. von Kurt Weis
dtv 33021

What's what?
Naturwissenschaftliche
Plaudereien
Hrsg. von Don Glass
dtv 33025

Das neue What's what
Naturwissenschaftliche
Plaudereien
Hrsg. von Don Glass
dtv 33010

Berthold Wiedersich
Das Wetter
Entstehung, Entwicklung,
Vorhersage · dtv 30552

Fred Alan Wolf
Die Physik der Träume
Von den Traumpfaden der
Aboriginies bis ins Herz
der Materie · dtv 33005

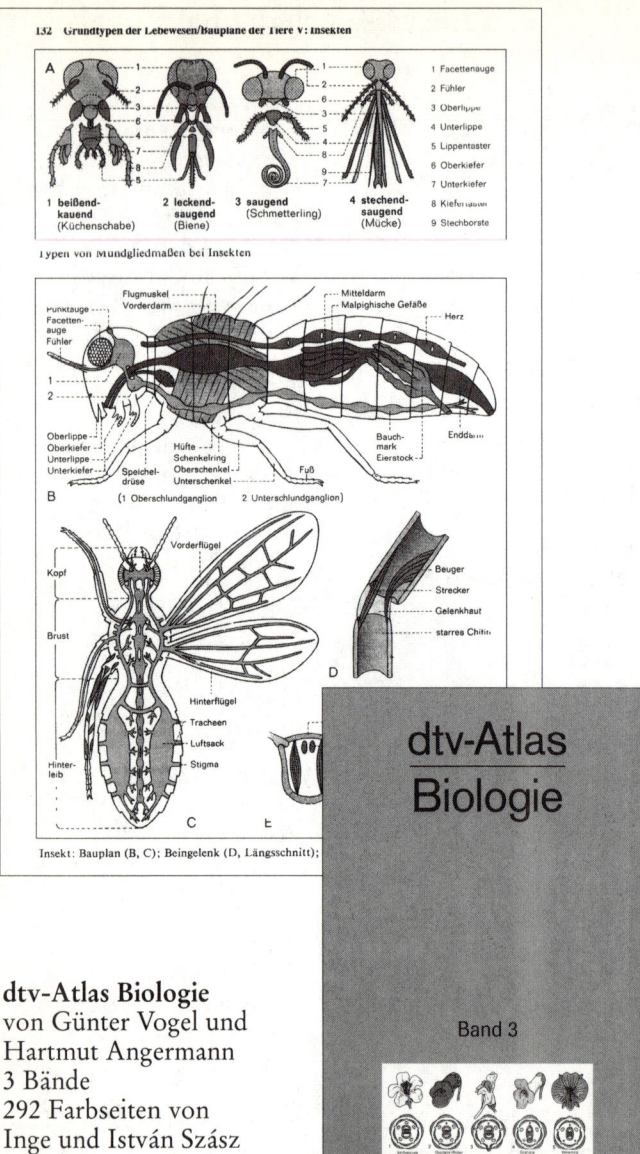

1 Facettenauge
2 Fühler
3 Oberlippe
4 Unterlippe
5 Lippentaster
6 Oberkiefer
7 Unterkiefer
8 Kiefertaster
9 Stechborste

1 beißend-kauend (Küchenschabe)
2 leckend-saugend (Biene)
3 saugend (Schmetterling)
4 stechend-saugend (Mücke)

Typen von Mundgliedmaßen bei Insekten

B (1 Oberschlundganglion 2 Unterschlundganglion)

Insekt: Bauplan (B, C); Beingelenk (D, Längsschnitt);

dtv-Atlas Biologie
von Günter Vogel und
Hartmut Angermann
3 Bände
292 Farbseiten von
Inge und István Szász
Originalausgabe
dtv 3221/3222/3223

dtv-Atlas
Biologie

Band 3

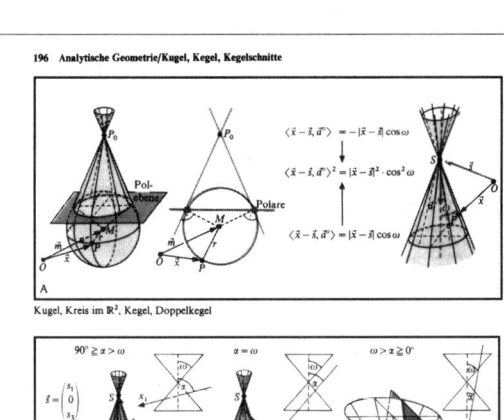

$\langle \vec{x} - \vec{s}, \vec{d}^{\circ} \rangle = -|\vec{x} - \vec{s}| \cos \omega$

$\langle \vec{x} - \vec{s}, \vec{d}^{\circ} \rangle^2 = |\vec{x} - \vec{s}|^2 \cdot \cos^2 \omega$

$\langle \vec{x} - \vec{s}, \vec{d}^{\circ} \rangle = |\vec{x} - \vec{s}| \cos \omega$

A Kugel, Kreis im $\mathbb{R}^2$, Kegel, Doppelkegel

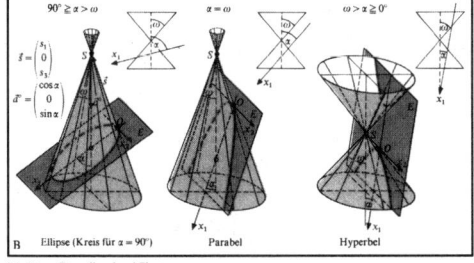

$90° \geqq \alpha > \omega$ $\alpha = \omega$ $\omega > \alpha \geqq 0°$

$\vec{s} = \begin{pmatrix} s_1 \\ 0 \\ s_3 \end{pmatrix}$

$\vec{d}^{\circ} = \begin{pmatrix} \cos \alpha \\ 0 \\ \sin \alpha \end{pmatrix}$

B Ellipse (Kreis für $\alpha = 90°$)   Parabel   Hyperbel

Schnitt von Doppelkegel und Ebene

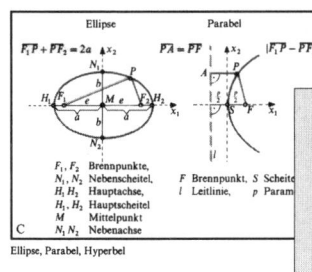

Ellipse   Parabel   Hyperbel

$\overline{F_1 P} + \overline{P F_2} = 2a$ $\overline{PA} = \overline{PF}$ $|\overline{F_1 P} - \overline{P F_2}| = 2a$

F_1, F_2 Brennpunkte, F Brennpunkt, S Scheite
N_1, N_2 Nebenscheitel, l Leitlinie, p Param
H_1, H_2 Hauptachse,
H_1, H_2 Hauptscheitel
M Mittelpunkt
N_1, N_2 Nebenachse

C Ellipse, Parabel, Hyperbel

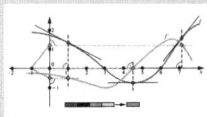

dtv-Atlas Mathematik
von F. Reinhardt und
H. Soeder
Band 1: Grundlagen.
Algebra und Geometrie
Band 2: Analysis und
angewandte Mathematik
222 Farbseiten von
Gerd Falk
Originalausgabe
dtv 3007/3008

dtv-Atlas
Mathematik

Band 2
Analysis und
angewandte Mathematik

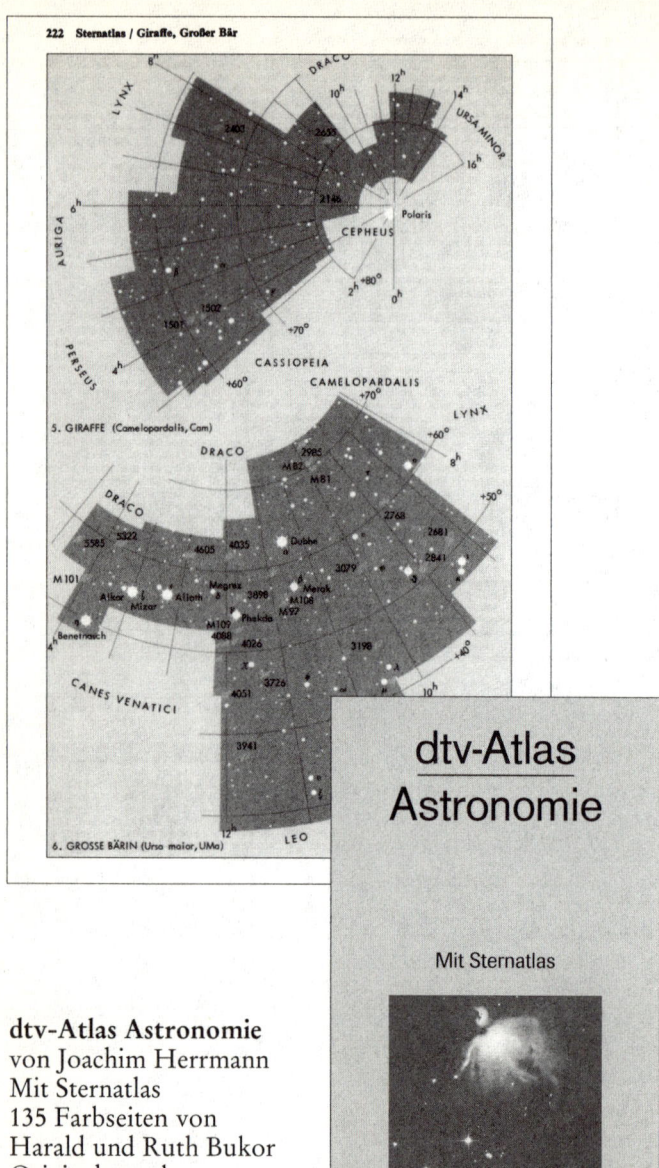

5. GIRAFFE (Camelopardalis, Cam)

6. GROSSE BÄRIN (Ursa maior, UMa)

dtv-Atlas
Astronomie

Mit Sternatlas

dtv-Atlas Astronomie
von Joachim Herrmann
Mit Sternatlas
135 Farbseiten von
Harald und Ruth Bukor
Originalausgabe
dtv 3006

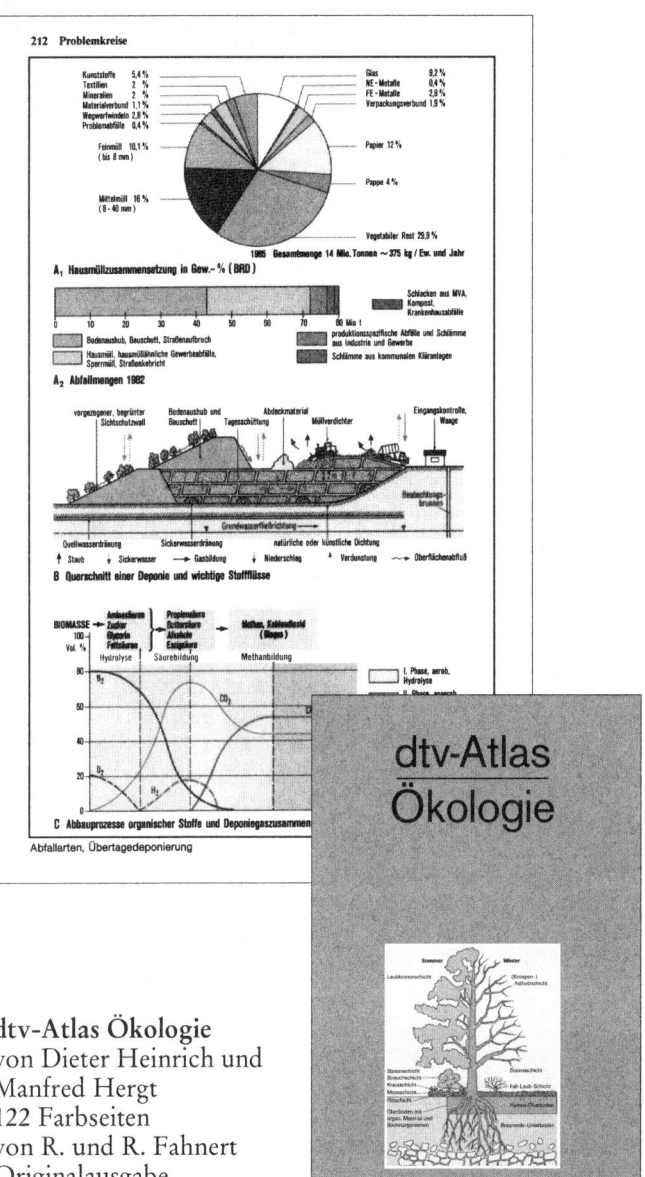

212 Problemkreise

A₁ Hausmüllzusammensetzung in Gew.-% (BRD)

A₂ Abfallmengen 1982

B Querschnitt einer Deponie und wichtige Stoffflüsse

C Abbauprozesse organischer Stoffe und Deponiegaszusammensetzung

Abfallarten, Übertagedeponierung

dtv-Atlas Ökologie
von Dieter Heinrich und
Manfred Hergt
122 Farbseiten
von R. und R. Fahnert
Originalausgabe
dtv 3228

dtv-Atlas
Ökologie